混合动力车辆车速预测与自适应能量管理

韩少剑 著

彩图资源

U0352867

北 京

冶 金 工 业 出 版 社

2025

内 容 提 要

本书聚焦于车联网环境下混合动力汽车的能量管理策略，探讨了城市复杂交通环境下动态行驶工况对能量管理的影响，并提出了融合交通信息和前方车辆行驶状态信息的混合深度学习网络，以实现实时行驶工况的预测。书中构建了新型等效因子动态优化方法，旨在突破传统能量管理算法无法适应动态行驶工况的技术瓶颈，充分发挥混合动力系统的节油潜力。

本书可供从事汽车研发设计，以及混合动力汽车控制与优化工作的研究人员和工程师阅读，也可供高等院校车辆工程、新能源汽车工程等相关专业的师生参考。

图书在版编目(CIP) 数据

混合动力车辆车速预测与自适应能量管理／韩少剑著. -- 北京 ： 冶金工业出版社，2025. 3. -- ISBN 978-7-5240-0086-0

Ⅰ. U469. 7

中国国家版本馆 CIP 数据核字第 20250PN927 号

混合动力车辆车速预测与自适应能量管理

出版发行	冶金工业出版社	**电　话**	(010)64027926
地　址	北京市东城区嵩祝院北巷 39 号	**邮　编**	100009
网　址	www. mip1953. com	**电子信箱**	service@ mip1953. com

责任编辑　张佳丽　美术编辑　吕欣童　版式设计　郑小利
责任校对　梁江凤　责任印制　禹　蕊
北京印刷集团有限责任公司印刷
2025 年 3 月第 1 版，2025 年 3 月第 1 次印刷
710mm×1000mm　1/16；9.25 印张；179 千字；139 页
定价 **68.00** 元

投稿电话　(010)64027932　投稿信箱　tougao@cnmip. com. cn
营销中心电话　(010)64044283
冶金工业出版社天猫旗舰店　yjgycbs. tmall. com
(本书如有印装质量问题，本社营销中心负责退换)

前　　言

　　石油短缺、环境污染、气候变暖是全球汽车产业面对的共同挑战，发展节能与新能源汽车是解决能源危机、环境污染等问题的有效途径，世界各国均把节能与新能源汽车列为优先发展技术。我国自 2012 年将新能源汽车列为七大战略性新兴产业之一后，新能源汽车得到了迅猛发展，成为世界汽车产业发展转型的重要力量之一。在全球新一轮科技革命和产业革命蓬勃发展之际，通过与交通、信息通信、人工智能等领域有关技术加速融合，智能网联化的新能源汽车技术已逐渐成为汽车技术发展的热点。研究表明，汽车的行驶特性不仅与自身动力系统拓扑结构、参数有关，还受到驾驶员、周围实时交通环境的影响。融合人-车-路和环境信息的自适应控制策略已成为智能网联新能源汽车的关键技术之一。网联化和智能化为解决节能与新能源汽车控制优化问题提供了新的方法，对提升汽车的综合性能具有巨大潜力。

　　混合动力汽车（Hybrid Electric Vehicle，HEV）兼顾了电动汽车和传统燃油汽车的优点，是当前解决环境污染和能源问题最具现实意义的途径之一。混合动力系统是一个非线性、多变量、强约束、时变性强的复杂系统，能量管理控制策略是系统的关键、核心问题，它决定了整车的燃油经济性、动力学以及驾驶性等，受到了广泛而持续的关注。等效燃油消耗最小化方法（Equivalent Consumption Minimization Strategy，ECMS）是一种具有较大实时应用潜力的能量管理算法。然而，如何实现复杂多变工况下的最佳燃油经济性和提高工况适应性一直是能量管理策略研究所追求的目标。能量管理算法与工况密切相关，行驶工况对混合动力汽车燃油经济性具有重要的影响。目前，设计能量管理策略多依赖标准循环工况，但是由于实际工况的多样性、随机性，与标准循环工况的不一致性以及工况存在扰动，造成了控制策略实际应用时燃油经济性不能达到理论最优，工况适应性较差。尤其对于城市工况，存在诸多不确定的因素（如交通拥堵）。因此，针对复杂、多变的行驶工况，如何进行精确、有效地预测，以减少工况扰动对能量管理算法的影响便尤为重要，也是研究的难点。借助工况预测，开发更加智能、具有良好工况适应性的能量管理算法是未来的发展趋势。

本书以车联网环境下的混合动力汽车为研究对象，针对城市复杂交通环境下动态行驶工况对能量管理策略的设计具有显著影响这一重要特征，融合车联网环境下的交通信息及前方车辆行驶状态信息，提出采用混合深度学习网络实现汽车实时行驶工况的预测；以实时预测的工况信息研究混合动力系统能量需求变化特性，构建新型等效因子动态优化方法，进而使得能量管理策略实现实时动态优化，突破传统能量管理算法无法适应动态行驶工况的技术瓶颈，最大限度发挥混合动力系统的节油潜力。

本书的编写得到了北京理工大学机械与车辆学院席军强教授、于会龙教授，以及长安大学张风奇副教授的鼎力支持与帮助，在此表示感谢。

本书中引用的文献、报告等尽可能列在参考文献中，但由于工作量大及作者不详，在此对没有说明的文献作者表示歉意和感谢。

由于笔者水平有限，书中疏漏之处欢迎读者不吝指正。

韩少剑

2024 年 9 月

目　　录

1 绪 论

1.1 新能源汽车的发展概况

汽车工业，作为实体经济的重要组成部分，其波及效应广、经济规模大、技术含量高，在国民经济发展中起着重要支柱的作用。自 21 世纪初加入 WTO 以后，中国的汽车工业在不断融入全球化的同时得到了飞快发展。图 1-1 展示了2001—2023 年中国汽车销量及增长情况。自 2009 年中国汽车产销量双双突破1000 万辆以来，已连续十年稳居全球第一。2023 年，中国汽车产销量实现了突破 3000 万辆的目标，分别达到 3016.1 万辆和 3009.4 万辆。

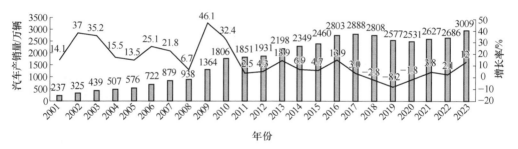

图 1-1 2001—2023 年中国汽车产销量及增长率

汽车工业的蓬勃发展，对社会产生了巨大的经济效益，同时也带来了能源短缺、大气污染与噪声污染、交通堵塞与交通事故等一系列社会问题，而这些问题又阻碍着汽车工业的可持续发展，其中尤以能源短缺和大气污染为甚。中国的能源结构是多煤少油，石油对外依存度很高并呈现逐年递增的趋势。2023 年全年中国石油消费量约为 7.56 亿吨，同比增长 10.7%，创历史新高；全年石油净进口量达到 5.63 亿吨，同比增长 10.3%，对外依存度升至 73.10%。同年成品油消费量 3.99 亿吨，同比增长 9.4%，约占全年石油总消耗量的 52.78%。

汽车保有量的持续增长，带来了能源的过度消耗，给能源安全造成了巨大压力，同时，汽车尾气的排放对环境造成了极大的污染，危害群众身心健康。经生态环境部核算，2022 年，全国机动车（含汽车、低速汽车、摩托车、挂车与拖拉机等）四项污染物排放总量为 1466.2 万吨。其中，一氧化碳（CO）、碳氢化合物（HC）、氮氧化物（NO$_x$）、颗粒物（PM）排放量分别为 743.0 万吨、

191.2 万吨、526.7 万吨、5.3 万吨。汽车是污染物排放总量的主要贡献者，其排放的 CO、HC、NO_x 和 PM 占比超过 90%。其中，柴油车 NO_x 排放量超过汽车排放总量的 80%，PM 超过 90%；汽油车 CO、HC 排放量超过汽车排放总量的 80%。

  在能源匮乏和环境污染的大背景下，开发高效、清洁、经济和安全的新能源汽车成为 21 世纪汽车工业发展的目标。新能源汽车是指以非常规车用燃料为动力来源，或使用常规车用燃料，采用新型车载动力装置，综合汽车的动力控制和驱动方面的先进技术，形成的具有新技术、新结构的汽车。新能源汽车主要包括纯电动汽车、混合动力电动汽车和燃料电池电动汽车，如图 1-2 所示。纯电动汽车是指驱动能量完全由电能提供、由电动机驱动的汽车。混合动力电动汽车是指至少能够从两类车载储存的能量（可消耗的燃料、可再充电能/能量存储装置）中获得动力的汽车，包括插电式混合动力电动汽车和增程式电动汽车。燃料电池电动汽车是以燃料电池为动力源或主动力源的汽车，通过氢气和氧气的化学作用产生电能来驱动汽车行驶。纯电动汽车、混合动力电动汽车和燃料电池电动汽车的比较见表 1-1。

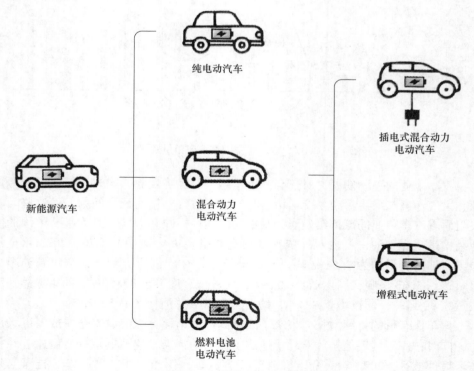

纯电动汽车

插电式混合动力
电动汽车

新能源汽车

混合动力
电动汽车

增程式电动汽车

燃料电池
电动汽车

图 1-2 新能源汽车的分类

表 1-1 纯电动汽车、混合动力电动汽车和燃料电池电动汽车的比较

指标	纯电动汽车	混合动力电动汽车	燃料电池电动汽车
驱动方式	电动机驱动	内燃机驱动、电动机驱动	电动机驱动
能量系统	动力蓄电池、超级电容	动力蓄电池、超级电容、内燃机	燃料电池、动力蓄电池
能源和基础设施	电网充电设备	加油站、电网充电设备	加氢站、电网充电式设备
主要特点	零排放、续驶里程短、不依赖原油	排放量少、续驶里程长、依赖原油	零排放、续驶里程长、不依赖原油、成本高

我国的新能源汽车产业始于 21 世纪初，经过 4 个"五年规划"，实现了从基础理论研究到产业化的升级。根据公安部统计结果，截至 2023 年年底，全国新能源汽车保有量达 2041 万辆，占汽车总量的 6.07%；其中纯电动汽车保有量 1552 万辆，占新能源汽车保有量的 76.04%。图 1-3 展示了近几年新能源汽车保有量情况。

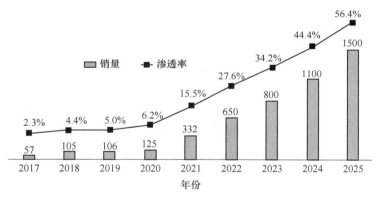

图 1-3 国内新能源乘用车销量及预测

我国新能源汽车产业的快速发展得益于国家政策的大力扶持。2009 年，我国正式发布了新能源汽车产业政策，包括对电动汽车和插电式混合动力汽车的补贴、免征车辆购置税等优惠政策，为新能源汽车产业的发展铺平了道路；2010 年新能源汽车产业被列入七大战略性新兴产业之一；2012 年 7 月国务院出台的《节能与新能源汽车产业发展规划（2012—2020）》中明确提出：当前重点推进纯电动汽车和插电式混合动力汽车产业化，推广普及非插电式混合动力汽车、节能内燃机汽车；"十三五"期间，新能源汽车产业由政策导向转变为市场主导，产业规模持续增长[1]；2020 年国务院发布的《新能源汽车产业发展规划（2021—2035）》中指出，发展新能源汽车是我国从汽车大国迈向汽车强国的必由之路，是应对气候变化、推动绿色发展的战略举措；随着国家日益加大对于新

能源、智能网联汽车发展的支持，各地方政府对此的态度也开始明确，发展新能源汽车产业已被写入多省市的"十四五"规划和 2035 年远景目标中。毋庸置疑，我国新能源汽车产业已迈入新的发展阶段。

以创新为驱动，产学研相结合的新能源汽车产业格局正逐渐形成。动力系统技术路线在纯电动、混合动力、燃料电池三方面均有相关探索与实践。其中纯电动汽车除了在乘用车方面应用广泛外，在轻卡、客车以及一些专用车辆上也有很好的应用前景并已经开始推广，如面向城市物流运输的纯电动微型车、轻型卡车、城市公交客车以及一些专用车辆如环卫车、水泥搅拌车、港口运输车、矿用卡车等，较短途且固定的运输路线使纯电动系统在商用车领域的应用成为可能，但是对于长距离运输且大载重的牵引车、自卸车等车型，纯电动方案难以应对。我国燃料电池技术当前依然处于研发和小规模示范运营阶段，在重要零部件、关键工艺、材料、耐久性等方面与国外相比依然存在一定差距，离产业化应用还有较长的路要走。而混合动力技术相较于燃料电池技术更加成熟，相比于纯电动系统，没有长途充电的焦虑，能够使用更小功率的电机、电池，对动力系统的改动小，成本低，是当前技术条件下能够显著降低整车全生命周期成本并且满足国家排放法规要求的有效可行方案，当前阶段已经在乘用车、轻、中、重型商用车上都有所应用。因此，面对日益严苛的油耗法规限制和环保需求以及受当前技术水平的限制，混合动力电动汽车成为目前最具有产业化和市场化前景的车型之一[2-3]。

1.2　混合动力电动汽车

混合动力电动汽车，在广义上可定义为"由两种或两种以上的储能器、能源或转换器作驱动能源，其中至少有一种能提供电能的车辆"[4]。因此，混合动力电动汽车涵盖了由内燃机、燃料电池、蓄电池、超级电容等多种动力能量源的多种组合形式。但是通常意义上，混合动力电动汽车指由传统内燃机和电动机组合驱动的汽车，即油电混合动力汽车。为了表征两种动力源的功率组合和分配比例，引入了混合度的概念，即指电系统功率 P_{elec} 占动力源总功率 P_{total} 的百分比[5-6]：

$$R = \frac{P_{elec}}{P_{total}} \times 100\% \tag{1-1}$$

根据混合度的不同，目前市场上的汽车可以做出以下分类[5,7-8]，如图 1-4 所示。

（1）传统内燃机汽车（Conventional ICE Vehicle）：内燃机是唯一动力源，提供驱动汽车行驶所需的全部动力。

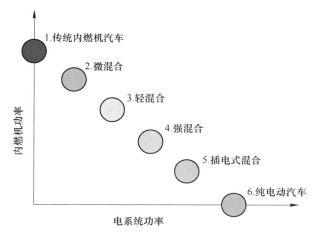

图 1-4　汽车动力驱动系统技术谱

（2）微混合动力汽车（Micro HEV）：通常在 12~48 V 之间的低电压下运行，电驱动功率往往不足 5 kW，因此它主要是具有自动启停功能，在制动和怠速工况下，自动关闭内燃机，以减少发动机处于怠速状态的时间，从而降低燃油消耗和排放。

（3）轻混合动力汽车（Mild HEV）：具有独立的电驱动系统，工作电压通常在 48~200 V，可提供 5~20 kW 的电驱动功率。轻混合电动汽车中的电动机主要作为次要动力源，在汽车加速阶段对内燃机进行辅助驱动，或者在减速阶段回收大部分再生能源。

（4）强混合动力汽车（Full HEV）：工作电压在 150 V 以上，电驱动功率超过 40 kW。强混合电动汽车具有发动机单独驱动、纯电动驱动和混合驱动 3 种行驶模式。在纯电动模式起步时由于仅使用电池，因此需要配备较大容量的电池组。在强混合电动汽车中需要通过能量管理策略来协调各个执行机构，以最大限度地降低油耗，如在内燃机运行效率低时，能够在较短时间内完全为汽车提供驱动力，储能系统也能够在各种减速工况下自由存储再生制动能量，从而充分展现混合动力的优点。

（5）插电式混合动力汽车（Plug-in HEV，PHEV）：可利用外部电网给车辆进行充电。在行驶过程中，车辆通常首先使用蓄电池中储存的能量以纯电动方式运行，等到电池消耗到一定程度，内燃机开始驱动车辆，电池提供补充动力或储存再生制动能量。插电式混合动力汽车具有强混合电动汽车和纯电动汽车的特点。

（6）纯电动汽车（Electric Vehicle，EV）：仅由电动机驱动，电动机由动力蓄电池组（外部充电）或氢燃料电池提供电能。

以上（2）~（5）类车型均属于混合动力电动汽车范畴。本书中聚焦于强混合动力汽车。

1.2.1 混合动力电动汽车的结构与原理

在强混合动力汽车中，其动力驱动系统结构和性能由各部件的数量和位置来决定。根据动力驱动系统结构的不同，混合动力电动汽车构型主要有3种：串联式、并联式和混联式，其中，并联式又分为单轴并联式和双轴并联式，分别如图1-5（a）~（d）所示[4-5,9]。

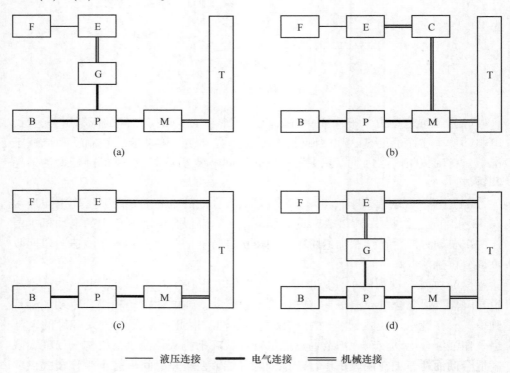

$$图\ 1\text{-}5\ \ 混合动力电动汽车构型$$

（a）串联式；（b）单轴并联式；（c）双轴并联式；（d）混联式

B—动力电池；C—离合器；E—内燃机；F—燃油箱；G—发电机；M—电动机；P—变换器；T—传动系统

1.2.1.1 串联式混合动力系统构型

串联式混合动力系统构型，如图1-5（a）所示，主要有发动机、发电机和电动机三大动力总成。发动机仅用于发电，其释放的电能通过电机控制器直接输送到电动机，由电动机产生的电磁力矩驱动汽车行驶；发电机释放的部分电能为动力蓄电池充电，延长混合动力电动汽车的续驶里程；另外，动力蓄电池还可以单独向电动机提供电能来驱动汽车行驶，使混合动力电动汽车在零污染状态下行驶。

在串联式混合动力电动汽车上，由发动机带动发电机产生的电能和动力蓄电池输出的电能共同输送给电动机来驱动汽车行驶，电力驱动是唯一驱动模式。电动机直接与驱动轮连接，发动机与发电机直接连接产生电能，驱动电动机为动力蓄电池充电，汽车行驶时的驱动力由电动机输出，储存在动力蓄电池中的电能转换为车轮的机械能。当电池荷电状态（State of Charge，SOC）值降低到预定值时，发动机开始为动力蓄电池充电。发动机与驱动系统不是机械连接，可以很大程度地减少发动机受到的汽车瞬态响应，使发动机进行最佳喷油和点火控制，在最佳工作点附近工作，以最大程度提高燃油经济性。

串联式混合动力系统结构比较简单，发动机、发电机、电动机三大件在整车布置上有较大的自由度，同时，由于发动机不直接驱动车辆，因此不受行驶工况的限制，可以经常保持在稳定、高效、低污染的运行状态，使有害排放气体控制在最低范围。但是仅由电动机来驱动车辆，这就要求电动机能够满足车辆在不同路面载荷条件下的行驶要求，因此需要电动机及动力蓄电池额定功率较大，造成动力系统体积和质量的增大，不利于在中小型电动车辆上布置；此外，在发动机-发电机-电动机驱动系统中的热能—机械能—电能—机械能的能量转换过程中，能量损失较大。发动机释放的能量以机械能的形式从曲轴输出，并立即被发电机转换为电能，受发电机内阻和涡流的影响，将会产生能量损失，效率为90%～95%；随后电能被电动机转换为机械能，在电动机和控制器中能量进一步损失，效率为80%～85%。相较传统燃油汽车，串联式混合动力构型由于能量转换环节较多，造成总体节油性能下降。

1.2.1.2　并联式混合动力系统构型

并联式混合动力系统构型，主要有发动机和电动机两大动力总成，发动机和电动机两套驱动系统可单独或共同驱动车辆行驶。由于发动机和电动机耦合的方式不同，结构形式多样，大致可以分为单轴式和双轴式两种结构，分别如图1-5（b）和（c）所示[10]。单轴并联混合动力系统结构相对简单，系统集成度高，在混合动力客车上应用较广。基于结构的优点，使得车辆具有多种工作模式，配合灵活的控制可以适应不同的行驶工况。

在并联式混合动力电动汽车上，发动机通过某种变速装置与驱动轮连接，电动机与驱动轮直接连接。电动机可以用来平衡发动机所受的载荷，使其能在高效率区域工作，因为通常发动机在满负荷（中等转速）状态下运行，所以燃油经济性较好。当汽车在较小的路面载荷下行驶时，燃油汽车发动机的燃油经济性比较差，并联式混合动力电动汽车的发动机可以关闭，只用电动机驱动汽车，或者增大发动机的载荷，使电动机作为发电机，给动力蓄电池充电（一边驱动汽车，一边充电）。由于发动机在稳定的高速状态下具有比较高的效率，因此并联式混合动力电动汽车在高速行驶时具有较好的燃油经济性。

　　由于发动机和电动机的功率可以相互叠加，发动机功率和电动机功率为汽车所需最大驱动功率的 50% ~ 100%，因此，可以选用较小功率的发动机和电动机即可满足车辆动力性要求，这使得整车动力系统的尺寸、质量都较小，成本降低，而且通过电机的"削峰填谷"作用（削峰填谷：通过不同的动力源互相优化，实现动力最大化、效率最大化，即在发动机效率最低时用电机弥补，在电机加速不足时用发动机弥补），可以使发动机较多地工作在高效区。该构型的缺点是结构比较复杂，控制难度增大。

1.2.1.3　混联式混合动力系统构型

　　混联式混合动力系统构型，如图 1-5（d）所示，该构型兼具串联式和并联式混合动力系统构型的特点，能够使发动机、发电机、电动机等部件进行更多优化匹配，工作模式更加多样，控制策略也更加灵活，保证了在复杂工况下，系统在最佳状态下工作，更容易实现排放和油耗的控制目标。但其结构更复杂，对动力复合装置的要求更高，控制系统也更加复杂。

1.2.2　混合动力电动汽车发展现状

　　在各国对车辆燃油经济性及排放标准不断提高的情况下，促使混合动力技术得到更快更广的发展。

　　混合动力汽车最早兴起于西方发达国家。美国是最早研究混合动力汽车的国家之一[4]。1993 年，美国政府与通用、福特和克莱斯勒三大汽车公司共同提出"新一代汽车合作伙伴计划"[11]，旨在研究开发新一代高效节能汽车。三大汽车公司针对混合动力汽车进行了一系列的技术开发和研究工作，如通用的 Precept、福特的 Escape、克莱斯勒的 SodgeESX3[12]，然而市场化进度缓慢。自 1999 年，本田 Insight 率先进入美国市场后，日系混合动力汽车就长期占领美国市场 80%以上的份额，其中以丰田和本田份额最多。汽车是日本的制造支柱产业，无论政府还是企业都有着长远的战略规划。1993 年丰田极具战略远见地启动了面向 21世纪汽车计划项目 G21，旨在研发出燃油效率是传统汽车两倍的车型，并于 1997年成功开发出混合动力汽车——普锐斯，成功占领混合动力汽车市场 20 余年，至今已进化到第 4 代混合动力技术 THS Ⅱ。依靠深厚的技术积累，丰田已将其混合动力技术应用到各级别的车型中。丰田的成功给了日本政企更多鼓舞。2006年日本政府出台《2030 年能源战略》，提出了使日本成为世界最节能的国家。在这一蓝图下，2007 年，日本提出"新一代汽车及燃料计划"，目标到 2030 年，将交通运输领域石油依赖度降低到 80%。欧盟历来重视节能减排，但是曾一度将新能源汽车发展重心集中在清洁柴油车、生物燃料和氢燃料电池方面。随着排放和资源压力，才逐步将重心转移至电动车。2009 年，欧盟拟定全欧电动汽车发展路线图，实现到 2020 年全欧范围总计有 500 万左右电动和混动车上路的目标。

我国新能源汽车发展较晚，但发展速度极为迅猛。受限于混合动力技术被日本、欧美等国家掌控，以及政府的政策引导，我国新能源汽车主要以纯电动汽车（EV）和插电式混合动力汽车（PHEV）为主，非插电混合动力汽车市场仍由合资汽车占主导地位。在 EV 和 PHEV 市场主要是由以比亚迪、北汽、吉利、上汽等为代表的传统自主品牌主导，随着外资企业的加入和造车新势力的崛起，未来国内新能源市场将呈现三股力量角逐的场面，表 1-2 展示了各自的发展特点及代表企业。

表 1-2　未来国内新能源市场参与者

类别	发展特点	代表企业
传统自主企业	主导中国市场 全产业链加速布局 主攻 EV 和 PHEV 技术路线	比亚迪、北汽、上汽、吉利、广汽
外资企业	与中国企业合资或独资 多种路线并举，并加快向 EV 转型	大众、丰田、特斯拉
造车新势力	借助资本，以代工模式切入 强调智能互联、用户体验 主攻 EV 技术路线	理想、蔚来、小鹏

混合动力汽车的推广和普及离不开技术的发展。除了需要发展优化与传统燃油汽车具有共性的关键技术，如整车设计、发动机、变速器等，更需要面对以下3 个方面的技术难题：电池技术及电池管理系统、电驱动系统及控制技术、能量管理控制策略[13]。

2016 年我国动力锂电池产量总量达 27.9 GW·h，连同日韩两国成为全球动力电池主力供货国家。由于铁矿资源丰富，目前我国的动力电池仍以磷酸铁锂型电池为主。磷酸铁锂电池具备良好的安全性和循环性能，成本也较低，但存在一些性能上的缺陷，如电池能量密度较低。不少国内电池企业正逐步转型三元锂电池路线。三元锂电池虽然能量密度较高，但其仍属于锂离子电池，相较于其他常见的能源，能量密度仍是较低，极限值约为 350 W·h/kg。因此在保证使用安全的前提下，未来动力电池应从正极、负极和电解液 3 个维度不断去刷新能量密度极限值，同时向小体积、轻量化方向发展[14]。电池管理系统主要作用是监控电池荷电状态和健康状态，保证动力电池安全运行，延长电池使用寿命，提高电池利用率。高度集成化、SOC 快速精确估计、高精度电池模型研究、均衡技术、充放电技术等是未来电池管理系统技术发展的趋势[15]。

电驱动系统主要任务是进行电能和机械能的相互转换，单独或协助内燃机驱动系统共同驱动车辆行驶，并在车辆制动过程中协同传统制动系统实现车辆制动，同时回收再生能量[16]。电驱动系统主要由电气系统、变速装置和车轮组成，其中电气系统是关键，由电动机、功率变换器和电子控制器等组成[4]。目前我国大多数电机及电控企业正在由单一产品供应商向"电机+电控+减速器"的动力总成提供商转型。未来电驱动系统将向集成化、永磁化和数字化三大方向发展，如表 1-3 所示。

表 1-3　未来电驱动系统发展方向

发展方向	内容
集成化	电控方面：电机与发动机总成、电机与变速器总成的集成； 控制器方面：驱动器中电力电子总成的集成，包括开关器件、电路、控制、传感器、电源等的集成
永磁化	永磁电机具有功率密度和转矩密度高、效率高、功率因数高、可靠性高和便于维护的特点，采用矢量控制的驱动控制系统，可使永磁电机具有宽广的调速范围
数字化	控制系统数字化包括软硬件两方面： 软件方面：主要包括完善电机控制算法、控制策略、可靠性测试和软件架构； 硬件方面：采用低成本专用芯片，使电机驱动的电路小型化、集成化

混合动力电动汽车是匹配了多种动力源的耦合系统，与传统内燃机汽车相比，在满足整车行驶功率需求时更具有灵活性，具有多种工作模式。对多种工作模式的切换以及功率分配的控制，是混合动力系统能量管理控制策略的核心任务，它决定着整车的动力性和燃油经济性，因此能量管理控制策略的开发和设计是混合动力电动汽车的核心技术。能量管理系统根据各系统部件的性能特性及车辆行驶工况，利用一定的策略与算法对多动力源的功率和转矩进行分配，对机械制动和能量回收进行协调，在保证车辆动力性、安全性及舒适性的基础上，提升系统效率，充分发挥节能减排的优势。能量管理控制策略及其相关算法是实现上述目标的核心。

1.3　融合网联信息的混合动力系统能量管理研究

伴随着国家多项发展规划和政策的密集出台，以及在移动互联、大数据等技术的推动下，汽车产业正向智能化、网联化快速融合发展。早在 2015 年国务院出台《中国制造 2025》，就将智能网联汽车作为汽车产业未来转型升级的重要方向之一。与此同时，国家针对节能与新能源汽车相继出台相关发展规划和技术路线，如《节能与新能源汽车技术路线图 2.0》，规划至 2025 年中国方案智能网联汽车将与智慧能源、智慧交通、智慧城市深度融合。可以预见，面向先进节能技术的研究将是我国节能与新能源汽车产业发展的重点。在智能化和网联化的发展背景下，针对节能与新能源汽车，越来越多的研究正逐渐集中到智能化、网联化融合技术领域。

随着信息通信技术的发展，以低碳化、信息化、智能化为特点的智能网联汽车成为未来汽车产业发展的方向。车联网作为汽车信息化的核心内容，可以使汽车具备与外界交互的能力，从而使车辆运行在最佳状态成为可能[17]。利用车用无线通信技术（Vehicle to Everything，V2X），车辆可以获取前方行驶环境中交通信息以及周围车辆的行驶状态信息，有利于使车辆适应多变的交通环境，以实现在保证车辆安全行驶的前提下，降低车辆行驶能耗[18]。本节将详细介绍当前基于车联网信息的混合动力系统能量管理控制策略的研究进展，包括混合动力车辆行驶工况预测和能量管理控制策略研究两个方面，旨在为后续基于网联信息融合的智能能量管理策略设计提供研究参考。

1.3.1 混合动力车辆行驶工况预测研究

混合动力车辆行驶工况预测是对车辆未来一段时间的车速轨迹进行预先推测和估计[19]。精确的车速预测对汽车安全辅助驾驶[20-21]、路径规划与导航[22-23]、变速器自动控制[24-25]、新能源汽车能量管理控制[26-27] 等意义重大。

未来的汽车是集计算科学、视觉传感、多信息融合、通信、自动控制等高新技术为一体的智能网联汽车，它可以实现更安全、高效、节能、环保行驶，是国际公认的未来发展方向和关注焦点[18]。图 1-6 为智能网联汽车的结构层次。决策

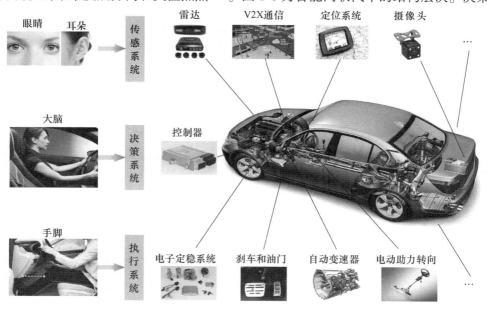

图 1-6　智能网联汽车结构层次

系统作为智能网联汽车的核心部分，将会更依赖于对未来行驶数据的提前获取和分析，进而制定更加智能的控制策略。与此同时，更丰富的车载设备可以使汽车获得更丰富的数据，从而促进了车辆行驶工况的精确预测。因此，混合动力车辆行驶工况预测研究有着重要的理论价值和广泛的应用前景。

预测车辆的未来行驶工况是一个极具挑战性的问题，因为汽车的运行受到复杂环境的影响，如交通、天气、路况，以及驾驶员的经验、偏好、注意力水平等。人、车、交通环境等因素的相互作用和相互影响，共同组成了具有时变性和高度不确定性的交通系统，这使得车辆行驶工况预测变得非常复杂和困难。

在现有关于车辆行驶工况预测的研究中，很大一部分是关于道路运行速度的预测。道路运行速度指的是中等技术水平的驾驶人员根据实际道路条件、交通条件、良好气候条件等能保持的安全速度，通常采用测定速度的第 85 百分位数行驶速度作为运行速度。运行速度的精确预测可以对公路线形设计的一致性进行评价，使公路的走向不违背驾驶人行车的意图，从而提高行车的安全性，还可以对道路交通的安全性进行评价，并为道路安保工程的实施提供合理的依据[28]。本书以汽车自身车速为研究对象，相关预测方法主要分为两大类：基于模型的预测方法和基于数据驱动的预测方法[29]，其详细分类如图 1-7 所示。

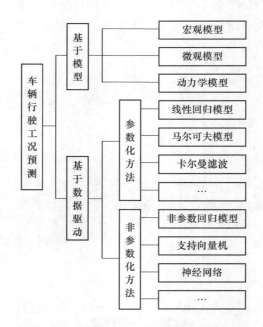

图 1-7　车辆行驶工况预测方法分类

1.3.1.1 基于模型的预测方法

基于模型的预测方法侧重于通过交通流理论来预测目标路段的车速信息，具体方法主要有[19]：宏观模型、微观模型和动力学模型。

美国密西根大学 Liu Ruoqian 等[30] 研究了宏观建模方法，提出了一种基于气体动力学交通模型的速度预测算法，通过分析车速 v 与交通密度 ρ、交通流量 q 的函数关系来搭建预测模型，在加州一条高速公路上安装 10 个不同传感器采集真实交通数据并进行相应处理后进行试验，结果显示该预测模型均方根误差在 6.92~12.70 km/h。香港理工大学 He Zongjian 等[31] 基于车联网信息，利用车辆空间概率分布和交通流理论中的密度-速度模型对车速进行预测。

重庆大学杨盼盼[32] 通过 VISSIM 仿真软件构建了市区微观交通模型，研究了简单灰色车速预测模型 GM（1，1）和灰色神经网络预测模型 GNN，利用单车的历史车速数据，对单车车速进行连续多步预测，并分析了两种方法的精确性和适用工况。

重庆交通大学赵树恩等[33] 综合考虑了影响车辆安全行驶的人、车、路和环境等因素，运用层次分析和加权最小平方法建立多层次车辆弯道安全行驶综合评价体系，基于车辆动力学理论，对车辆弯道行驶安全车速进行预测。

1.3.1.2 基于数据驱动的预测方法

基于数据驱动的预测方法是利用当前和历史车速信息及交通信息数据对车辆未来行驶工况进行预测，而不必显式地考虑复杂的物理交通过程[29]。根据数据分布形式是否可由确定参数确定，基于数据驱动的预测方法又可分为参数方法和非参数方法[34]。

A 参数方法

参数方法对预测模型的结构作了先验性假设，定义了预测函数的解析形式，通过对数据进行学习来确定函数式中各个参数的值。常见的参数方法有线性回归模型、马尔可夫预测模型、卡尔曼滤波预测模型等。

（1）新疆农业大学王雷[35] 在对新疆山区公路基础数据研究的基础上，分别针对小型车、中型车、重型车使用线性回归方法和多项式回归方法，建立了新疆山区各等级公路的车速预测回归模型。长安大学解少博等[28] 分别应用线性回归和多项式回归方法建立了小轿车车速模型，并与其他方法进行了预测精度的对比分析。

（2）马尔可夫过程是一种随机过程，主要用于解决随机环境下建模和多周期动态决策问题。假设在当前条件下，未来下一时刻的状态只与当前时刻的状态有关，与过去时刻的状态无关，根据上一时刻研究对象的状态预测下一时刻的计算过程，这一性质又称为马尔可夫过程的无后效性。马尔可夫过程的时间和状态既可以是连续的，也可以是离散的。汽车在实际行驶过程中，行驶工况的各个特征参数均可进行离散化处理，系统内部的转移概率只与当前状态有关，而与过去的状态无关，所以未来行驶状态具有较强的随机性和无后效性，具有马尔可夫特性。如图 1-8 所示[36]，车辆连续行驶过程中，行驶状态转移过程可由马尔可夫链表示，箭头为车辆行驶方向，汽车行驶状态以采样时间为轨迹记录，每隔相同时间记录一次，由于采样时间是离散的，汽车行驶状态的变化可视为连续离散时间序列，即状态 x 随时间 t 的变化可表示为：

$$x(t) = \{\cdots,\ x(i-3),\ x(i-2),\ x(i-1),\ x(i), \\ x(i+1),\ x(i+2),\ x(i+3),\ \cdots\} \tag{1-2}$$

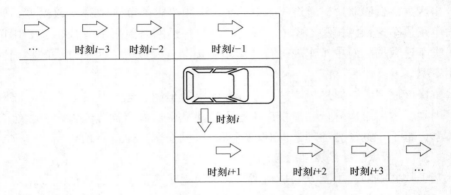

图 1-8　车辆行驶中行驶状态转移过程

　　因此，马尔可夫模型在车辆速度建模中应用较为广泛。北京理工大学孙超[13,21] 在其文章中系统地描述了马尔可夫速度预测模型。汉阳大学 Jaewook Shin 等[37] 提出了一种基于含速度约束的马尔可夫链的随机模型的车速预测算法，利用 GPS 信息和道路几何模型，预测车辆从当前位置到前方距离的每个循环的未来速度。该方法在市区进行了试验评价，结果显示该算法在不受周围车辆和交通信号灯的影响以及在一定车速下，预测范围可达 200 m。清华大学孟凡博等[38] 提出了基于马尔可夫链的模型预测控制方法，将加速踏板位置变化的未来状态视为一种概率分布，从车辆历史数据中提取与归纳，建立了随机马尔可夫链模型，获得了汽车未来预测时域内的功率需求。然后，采用动态规划优化了转矩分配，结果表明基于马尔可夫链的模型预测控制策略较基于指数形式衰减变化的控制策略具有更大的优化潜力。北京理工大学项昌乐等[39] 针对双模混合动力汽车，提出了具有实时应用潜力的级联控制策略，在没有雷达、全球定位系统等设备的情况下，利用自适应马尔可夫链预测汽车功率需求，应用非线性模型预测控制实施能量分配，提高了控制性能。单次马尔可夫链模型的预测精度较低，研究人员常采用多次或自学习马尔可夫链模型预测车速或功率需求。

（3）卡尔曼滤波是一种用于估计系统状态的滤波算法。东南大学郭建华等[40] 研究了可修正过程方差的自适应卡尔曼滤波算法，利用 15 min 时间间隔采集的真实交通流数据进行的试验比较表明，自适应卡尔曼滤波方法可以生成可行的水平预测和预测区间；特别地，自适应卡尔曼滤波方法在流量高度不稳定的情况下表现出更好的适应性。浙江大学 Huang Yupin 等[41] 利用射频数据驱动获得前车车速信息等，设计了一种改进的卡尔曼滤波算法，即自适应扩展卡尔曼滤波算法对车速进行预测，仿真结果显示，与传统的扩展卡尔曼滤波相比，该算法提高了滤波的动态性能，较好地抑制了滤波发散过程，同时预测精度也明显提高。

B 非参数方法

非参数方法的预测模型没有确定的函数解析形式，而是根据数据来确定模型结构，其参数的数量和性质根据训练数据的不同而不同。常见的非参数方法主要有：非参数回归模型、支持向量机、神经网络等。

（1）非参数回归是一种统计方法，与传统的参数回归模型不同，它在建模和分析数据时不假设固定的模型形式，即不需要预先定义模型的结构，这使得非参数回归在处理复杂数据关系方面非常灵活，尤其是处理数据之间的关系不确切的情况。北京工业大学翁剑成等[42] 通过利用快速路上的检测器采集交通数据，经筛选后建立交通状态演变的历史样本数据库，基于该数据库构建了一种 K 近邻非参数回归短时交通预测模型，实现了对路段行程速度的短时预测。国防科技大学史殿习等[43] 为进一步提高预测精度，提出了基于速度变化趋势和密集度的 K 近邻非参数回归预测模型，对原有模型的近邻匹配方式进行了改进和优化。

（2）支持向量机（Support Vector Machine，SVM）是一种监督学习算法，常用于分类和回归问题。在时间序列预测中，SVM 可以通过选择合适的核函数来捕捉时间序列数据的非线性特征，学习历史数据的模式和趋势来预测未来的数值。大连理工大学姚宝珍等[44] 提出了一种由时空参数组成的支持向量机单步预测模型，在此基础上建立了短期交通速度预测模型。南京航空航天大学李玉芳等[45] 根据驾驶员-车辆-道路交通数据，分析了不同行驶条件下车速及其影响因素的相关性，通过对比几种典型人工智能速度预测算法的有效性和准确性，发现将用于城市道路上的小生境非协调遗传算法支持向量机预测算法与用于郊区道路和高速公路上的遗传算法支持向量机预测算法相结合，可以大大提高车速预测的准确性和及时性。

（3）神经网络可以充分逼近复杂的非线性映射关系，具有很强的鲁棒性和容错性，是非线性系统预测模型与优化控制领域的关键技术之一。车辆在行驶过程中，车速受到人、车、环境等多种因素共同影响，具有高度的时变性和非线性，而神经网络可以精确描述不确定性的动态过程，它不需要经验公式，可以从已知的数据中自动地归纳规则，获得数据中的内在规律。因此，即使不清楚预测问题的内部机理，只要有大量的输入、输出样本数据，经神经网络"黑箱"内部自动调整后，便可建立良好的输入与输出映射模型。图 1-9 展示了基于神经网络的预测原理，输入层为历史车速序列 H_h，输出层为短期未来车速序列 H_p，隐层中可使用高斯函数等，用于描述非线性的输入输出关系[36]。

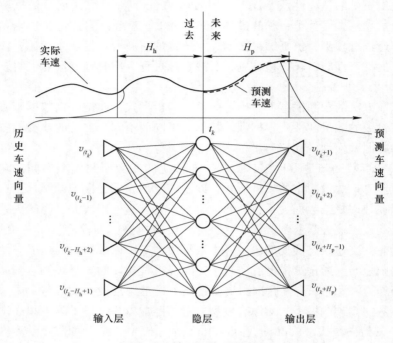

图 1-9 神经网络预测原理

重庆大学谢浩[19] 通过对历史数据进行统计分析，分工况建立了基于 BP 神经网络的车速预测模型，并利用遗传算法和改进的粒子群算法对 BP 神经网络车速预测模型的权阈值进行优化，提出 PSO-GA 联合优化算法模型，结果显示优化后的 BP 神经网络车速预测模型预测精度有了明显提升。密西根大学 Jungme Park 等[46] 提出了一种基于实时交通数据预测交通速度分布的神经网络模型，结果表明，该方法能够在 30 min 内准确检测交通动态变化和预测车速分布。科罗拉多州立大学 David Baker 等[47] 使用带有外部输入的非线性自回归人工神经网络建立车速预测模型，用于混合动力汽车 Camoro 的能量管理系统。利用选定驾驶循环的实际行驶数据对神经网络进行训练，以预测该驾驶循环中的未来车速，研究结果显示，该方法在这种固定循环工况中可以提供 30 s 的精确预测，使燃油消耗达到最优。北京理工大学张风奇等[27] 基于 NARX 网络，提出了一种链条式神经网络车速预测模型，即将网络单步输出量反馈至输入端，以滑动窗口的形式依次对外部输入量和输出反馈量加入延时，作为网络的输入向量，以实现对时间序列数据的建模和预测。通过对不同工况进行车速预测，检验了该模型的泛化能力，其预测性能也明显优于 BP 神经网络车速预测模型。北京理工大学 Yan Mei 等[48]提出了一种基于深度神经网络的车速预测模型，分析了历史车速、专享信息、车辆位置、行驶日期等驾驶因素对预测精度的影响，并利用不同的标准驱动周期验证了训练后的车速预测模型的泛化能力。

此外，许多文献结合多种方法建立了组合预测模型。俄亥俄州立大学 Jing Junbo 等[49]结合自回归模型和马尔可夫模型，采用时间回归的方法对车辆动态进行捕获，并对主要特征间的转换概率进行建模，通过状态隶属向量的模糊分类，将估计的自回归模型与马尔可夫状态相关联。根据训练后的自回归模型，利用模糊状态隶属度相似性选择模型，进而对车速进行预测。浙江大学吴汉[50]提出了一种基于改进的 K 近邻非参数回归模型和模糊神经网络模型加权组合的车速预测模型，因此结合了 K 近邻非参数回归模型较强的预测能力和模糊神经网络模型较强的学习与非线性映射能力。该组合预测模型依据上一时段的预测误差来确定两种模型的权值，并加权组合输出最终的预测结果。美国波士顿东北大学 Jiang Bingnan 等[51]采用 NARX 神经网络与隐马尔可夫模型（HMM）相结合对车速进行预测，首先采用 NARX 神经网络对路段内行车速度进行预测，之后基于实时交通数据、路线、历史轨迹、预测数据等信息利用 HMM 模型对汽车车速进行预测。

综上，以汽车自身车速预测为主体的研究目前仍处于一个初级阶段。随着汽车的网联化以及车与车（Vehicle to Vehicle，V2V）、车与基础设施（Vehicle to Infrastructure，V2I）通信技术的发展，汽车车速预测技术将会得到更快发展，同时随着汽车的智能化，使得车速预测的应用场景更广。

对一定时域的未来工况进行预测，应用于混合动力车辆能量管理策略算法设计，以提高整车性能和工况适应性，是目前能量管理策略的研究方向。在未来工况预测和自适应能量管理策略等方面，已经进行了大量研究，取得了重大进展，但仍存在不足之处。目前以汽车自身车速预测为主体的研究仍处于一个初级阶段。现有的预测方法，多是基于单一的预测方法，如传统的统计学方法（指数平滑预测、随机预测）、机器学习算法（BP 神经网络、链式神经网络）等。传统统计学方法的函数形式较为固定，而且对研究的工况具有较为严格的限制，只有在满足假设条件的情况下才能表现出较好的预测性能，然而实际的驾驶环境却是十分复杂，常与假设条件不相符。机器学习算法应用较多，通过建立非线性系统输入、输出的映射关系，可以对复杂工况进行较为精确的预测，但也存在着明显不足：一方面多是采用单一的机器学习算法，其自身所存在的缺陷如参数敏感性、局部最优与过度拟合等，不可避免；另一方面，单一机器学习算法在面对复杂系统中的诸多干扰时，数据特征处理能力有限。

1.3.2 能量管理控制策略

　　与传统内燃机汽车相比，在对汽车动力系统运行状况调节方面，混合动力汽车可以提供额外的自由度，通过合理的控制，可以明显降低汽车的燃油消耗及污染物排放。混合动力汽车整体性能的发挥依赖于控制策略——即能量管理策略（Energy Management Strategie，EMS）的设计。由于实际驾驶环境的不确定性，汽车的行驶功率需求以及车速变化受到外部因素的影响，如交通状况、周围车辆行驶状态等，这使得能量管理策略的设计极具挑战性。因此，对混合动力汽车能量管理的研究成为国内外学者至今研究最为广泛的主题之一[52-53]。大连理工大学赵秀春等[54] 在总结相关研究文献的基础上，从不同角度对混合动力汽车能量管理问题进行了描述和分类，如根据混合动力结构形式不同分为串联式混合动力汽车控制策略和并联式混合动力汽车控制策略；根据控制策略的实现方式不同分为直接法和间接法；根据混合动力汽车能量优化的工作状态不同分为稳态优化控制策略和动态/实时优化控制策略等。但最常见的是从控制理论的角度，将混合动力汽车能量管理策略分为三大类：基于规则的能量管理策略、基于优化的能量管理策略和基于学习的能量管理策略[13,53-55]，其子分类和相应的控制理论如图 1-10所示。

1.3.2.1 基于规则的能量管理策略

　　基于规则的能量管理策略是目前广泛应用于各种量产车辆的能量管理策略，通常是依靠设计者的专业知识和工程经验，基于车辆状态和系统约束，预先定义的一系列车辆动力系统的运行规则，旨在使发动机尽量在其高效区间内运行，以获得较高的燃油经济性。由于具有制定好的规则，因此该策略具有良好的鲁棒性和时效性，且易于实现。基于规则的能源管理策略根据处理信息的方式可以分为基于确定性规则的能量管理策略和基于模糊性规则的能量管理策略。

　　基于确定性规则的能量管理策略多以控制参数表和流程图等形式来设计控制规则，以满足车辆的动力需求为前提进行多种动力源的功率分配以及工作模式的切换，如恒温控制方法[56]、功率跟随方法[57]、状态机方法[58] 等。

　　基于模糊性规则的能量管理策略是基于确定性规则控制策略的扩展，基于模糊逻辑理论在其基础上加入专家经验将控制规则模糊化，将复杂的非线性系统转化为易于处理的形式，并通过定义一组模糊规则来描述系统的行为。在应对混合动力汽车能量管理这样的非线性时变性系统时具有更强的鲁棒性和可调性[13]。常见的方法有：传统模糊控制方法[59]、自适应模糊控制方法[60-61] 和预测模糊控制方法[62] 等。图 1-11 所示为模糊逻辑控制策略结构图。

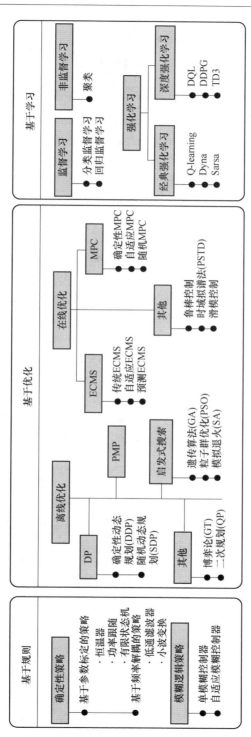

图1-10　混合动力汽车能量管理策略分类

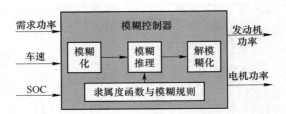

图 1-11   模糊逻辑控制策略结构图

基于规则的能量管理策略由于技术难度低，计算量小，易于实现在线控制，因此在混合动力汽车工业中较为流行。但是该策略也存在着明显的缺点：（1）需要科技人员对所设计的混合动力系统进行反复测试和优化规则，才能取得较好的控制效果，过程烦琐且周期长；（2）不同的混合动力系统构型和车辆参数通常需要设计不同的规则，可移植性差；（3）规则通常是根据特定的循环工况设计，面对时变而不确定的真实驾驶环境，通常很难达到最优控制效果；（4）无法适应不同类型的驾驶员。为了获得更好的控制效果，研究人员更多地关注基于优化的能量管理策略。

1.3.2.2   基于优化的能量管理策略

基于优化的能量管理策略通过定义目标函数（或成本函数）及约束条件，将能量管理的问题转化为控制目标优化的问题，采用优化算法，对目标函数最小化以实现最优控制。该策略的核心思想是通过数据分析和建模，预测和规划能源的供需状况，然后根据实际情况进行实时调整和优化，以保证能源的高效利用。它包含两个子分类：基于全局优化的能量管理策略和基于实时优化的能量管理策略。

A   基于全局优化的能量管理策略

基于全局优化的能量管理策略通常是针对特定循环工况，在已知整个驱动周期功率需求的条件下进行优化，获得全局最优解。线性优化方法（Linear Programming，LP）将控制目标优化问题描述为一个非线性凸优化问题，通过线性逼近求得最优解，然而该方法不善于处理复杂的传动系统[63]。动态规划方法（Dynamic Programming，DP）可以实现复杂系统的全局优化，假设已知工况完整数据，基于 Bellman 最优原理将原优化问题随时间离散化后逆向求解，从而得到最优控制结果，但因为计算量大、耗时长，无法应用于实时控制[64]。随机动态规划算法（Stochastic Dynamic Programming，SDP）采用马尔可夫决策过程表示驾驶员的动力需求，生成需求功率状态转移矩阵 MAP 图，从而得到一组驱动周期上的最优解[65]。遗传算法（Genetic Algotithm，GA）是一种受自然选择和遗传进化启发的随机概率全局搜索方法，通过构建燃油经济性、SOC 和排放性能等多目标优化问题，可在全局范围内实现快速收敛，得到最优解[66]。基于全局优化的能量管理策略通常需要在整个驾驶循环工况信息及车辆状态已知的条件下才能准确获得全局最优解，而且计算耗时较长，因此难以应用于车辆的实时控制，但由于其可获得最优控制解，因此可作为设计在线控制规则的基础，或者作为其他控制策略的评价基准。

B　基于实时优化的能量管理策略

基于实时优化的能量管理策略通过定义瞬时成本函数，实现对车辆的在线实时控制，常见的方法有等效燃油消耗最小策略（ECMS）[52]、鲁棒控制[67]、模型预测控制（Model Predictive Control，MPC）[13] 等。ECMS 基于庞特里亚金最小值原理（PMP），引入等效因子，将瞬时工况下电动机的能量消耗等效为燃油消耗，建立了瞬时等效燃油消耗成本函数，在赋予合理的等效因子后，ECMS 可迅速计算出满足最佳燃油经济性的控制决策，因此获得合理的等效因子是该方法的核心内容。MPC 通过在线预测有限时间域内车辆运行状态，进行局部瞬时优化，并不断地滚动优化和反馈校正，更新下一预测时域车辆的运行参数，如此进行实时优化控制[36]。图 1-12 所示为基于 MPC 的能量管理结构图。

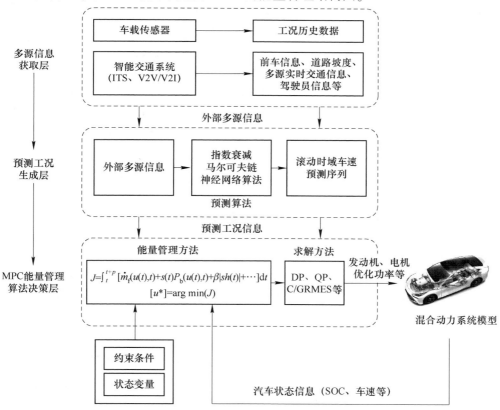

图 1-12　基于 MPC 的能量管理结构图

基于实时优化的能量管理策略的性能依赖于对车辆行驶状态及工况的预测，而车辆行驶状态又受到多种因素的影响，如道路类型、驾驶员个性、周边交通状况、天气等。随着汽车智能网联化的发展，融合现代通信与网络技术，实现了车与 X（车、路、智能交通、云等）间的信息数据交换和共享。对这些数据，如驾驶员信息、车辆状态数据、周边交通数据等，进行整合与分析后用于混合动力汽车控制策略的开发，可明显提升车辆在机动性、燃油经济性和安全性等方面的性能[18,68]。在此，根据对不同外部信息的需求，将能量管理策略分为三类[69]：基于路径预览的能量管理策略、基于驱动轨迹最优的能量管理策略和预测能量管理策略。

a　基于路径预览的能量管理策略

基于路径预览的能量管理策略主要是利用静态数据，如道路曲率、坡度、限速信息等，对目标行程设计长时域的能量管理策略。美国克莱姆森大学 Zhang Chen 等[70] 将道路等级信息集成到混合动力汽车能量管理策略中，通过使用动态规划和等效燃油消耗最小策略，将真实道路几何信息用于动力管理决策，使得车辆燃油经济性得到明显提升。北京理工大学何洪文等[71] 提出了一种基于自回归综合移动平均模型，对未来道路等级进行实时预测。将该模型融入能量管理策略中，研究和评估了燃油经济性的潜在收益，结果表明，该模型可以较准确地预测未来道路等级，并能使燃油消耗降低至少 4.7%。道路坡度对车载电池的放电和充电有着重要的影响，为此美国俄亥俄州立大学 Zeng Xiangrui 等[72] 将车辆行驶前方道路坡度视为一个随机变量，提出一个基于随机模型预测控制的能量管理策略，应用于低交通量丘陵地区。该方法在提高车辆燃油效率的同时，将电池 SOC 维持在一定的范围内。为了探究路径预览在能量管理策略中的应用潜力，滑铁卢大学 Ekhtiari Sanaz[73] 系统地研究了将智能交通系统（ITS）、全球定位系统（GPS）、雷达系统和地理信息系统（GIS）中的有用信息集成到 PHEV 的形成辅助能量管中。这类能量管理策略研究了预览静态信息（道路曲率、坡度等）对管理策略设计的影响，没有考虑动态交通因素，因而对行驶速度不断变化的工况适应性较差。

b　基于驱动轨迹最优的能量管理策略

基于驱动轨迹最优的能量管理策略以车辆在给定行程中能耗最小为目标搜索优化速度/SOC 轨迹，形成速度/SOC 规划，车辆在行驶中通过追踪最优速度/SOC 轨迹，以此获得最优控制。影响驱动轨迹的因素很多，如道路条件、交通信息等。吉林大学郭露露等[74] 采用双层设计方法将混合动力优化问题分解为两个子问题，在上层结构中基于交通及道路信息利用 MPC 算法求得最优速度轨迹，在底层结构中结合 PMP 原理和数值方法，在 MPC 框架下得出最优转矩分配比和最优换挡方案的显式解。法国奥尔良大学 Hippolyte Bouvier 等[75] 针对给定的驾驶循环工况，采用 DP 算法确定了最佳节能驱动轨迹，结合基于优化的能量管理策略，可以获得最低的燃油消耗。为了评估节能驾驶对混合动力汽车能量管理策略的潜力，德国斯图加特大学 Gunter Heppeler 等[76] 提出了一种双层控制框架。外层通过导航系统的预览信息（如车速限制、道路坡度、曲率）规划最优 SOC 轨迹，内层执行速度和 SOC 轨迹优化组合，以追踪期望速度。这种方法可以通过优化速度和 SOC 来实现显著的燃油节约。美国密歇根理工大学 Biswajit Barik 等[77] 通过 V2V 和 V2I 通信，利用速度边界和动力系统信息预测生成最优速度轨迹，使燃油经济性在预测范围内得到最优。基于驱动轨迹最优的能量管理策略主要是对驱动周期进行全局规划，以获得最优的速度轨迹，并将其集成到能量管理控制器中，使能耗最小化。

　　c　预测能量管理策略

　　预测能量管理策略通过综合利用驾驶员信息、交通信息、道路状况、周边车辆行驶状况、天气等信息数据，对未来短时域驱动周期的车辆行驶状态（如未来车速、功率需求）进行预测，结合优化算法，设计实时控制的能量管理策略。美国俄亥俄州立大学 Pinak Tulpule 等[78] 分析了各种因素（交通、天气等）对未来车速的影响，采用 ECMS 算法，确定了 ECMS 的等效因子与速度统计量之间的相关性，从而找到最优的等效因子。研究结果表明，道路坡度、行驶距离、天气特征等外部因素的先验信息有助于提高能量管理策略的性能。美国科罗拉多州立大学 David Baker 等[79] 结合实际驾驶数据，通过 V2V 通信预测车速，并分析了预测误差对 HEVs 燃油经济性的影响。北京理工大学张风奇等[27] 利用 V2V、V2I 通信获取前车车速以及交通信息，采用链条神经网络预测车速，结合 ECMS 算法实现混合动力汽车转矩分配，提高了车辆的燃油经济性。荷兰埃因霍温理工大学 K. R. Bouwman 等[80] 研究了城市条件下 HEV 的预测能量管理控制器，利用实时的交通流量数据和交通灯的位置来增强 ECMS，从而最大限度地提高 HEV 的燃油降低性能。计算效率对实时预测控制要求较高，因此长安大学谢少博[81] 开发了一种基于 MPC 的高效能量管理策略用于 PHEV，该方法利用马尔可夫链对速度进行预测，动态调整自适应 SOC 参考模型，以指导电池合理放电。此外，还系统地研究了影响计算效率的诸多因素，包括预测时长、最优功率序列的采样宽度以及用于求解动态规划问题的状态的离散化大小。总之，这类策略综合考虑各种信息，如交通信息、道路等级、周围车辆行驶状态、驾驶员行为等，对未来行驶状态进行动态预测，这使得混合动力功率分配得以实时优化，并产生更好的适应性。但是预测精度受到复杂因素的影响，比如预测时域长短、驾驶相关数据的先验知识，这使得预测能量管理策略的设计仍具有相当的挑战。

1.3.2.3　基于学习的能量管理策略

　　近年来，机器学习（Machine Learning，ML）等人工智能技术在混合动力汽车领域的应用逐渐增多。这些方法能够从大量的实际驾驶数据中学习，识别出最优的能量管理策略，并实时地调整策略以适应不断变化的驾驶条件。因此，基于学习的能量管理策略（Learning Based Energy Management Strategy，LB-EMS）具有广阔的研究前景。如图 1-13 所示，根据学习方式的不同，基于学习的能量管理策略可以分为监督学习、无监督学习和强化学习三类[82]。

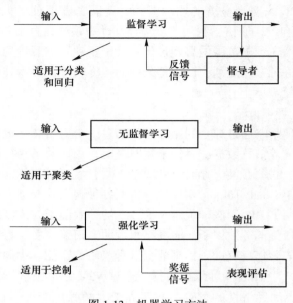

图 1-13　机器学习方法

A　监督学习

监督学习以事先定义的特征数据与目标数据作为训练集，基于这种已知的组合关系训练最优控制模型，目的是使模型具有一定的预测以及分类识别能力。因此，监督学习可以被进一步分为回归监督学习和分类监督学习。

a　回归监督学习

回归监督学习通常被集成在基于 MPC 的控制框架中，用于实现车速、发动机转矩以及动力电池功率等信息的预测。北京理工大学孙超等[26] 对广义的指数变化、马尔可夫链，以及基于神经网络的预测器进行了比较。结果表明，神经网络预测器在一系列验证和真实驾驶循环中提供了最佳的整体性能。其中，径向基函数神经网络优于对时间序列问题有效的递归神经网络和反向传播神经网络。

b　分类监督学习

分类监督学习普遍用于驾驶模式、车辆工作模式以及驾驶工况类型的分类与识别，目的是辅助实现自适应的能量管理控制。例如，山东大学 Wu J 等[83] 提出了一种基于驾驶工况识别的模糊控制策略，如图 1-14 所示，驾驶工况识别模型

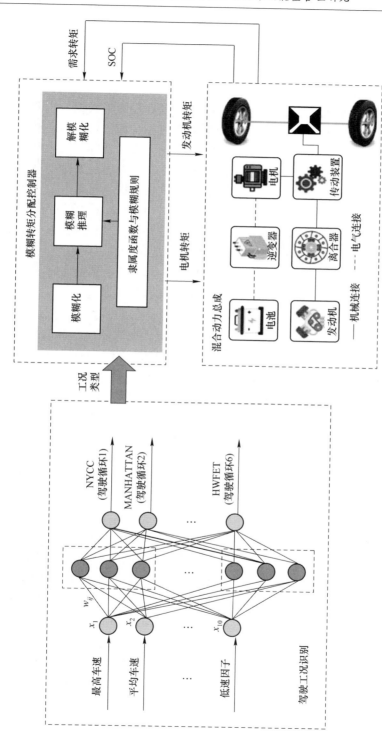

图1-14 基于驾驶工况识别的模糊逻辑控制

基于车辆行程参数识别当前的驾驶循环，并将识别结果传递给模糊转矩分配模型。同时基于粒子群算法（Particle Swarm Optimization，PSO）对不同驱动循环下模糊控制器的隶属度函数与模糊规则进行优化，以改善燃油经济性。

B　无监督学习

与监督学习相对应，无监督学习的主要功能是在探索性数据分析阶段发现隐藏的模式或者对数据进行分组。在车辆能量管理领域，无监督学习主要用于驾驶循环的分类或数据降维，辅助完成高效的控制策略开发。例如，意大利萨莱诺大学 Carmine Grelle 等[84] 使用 C-均值聚类方法对数据库中的元素进行分组，这些元素包含标准行驶循环中的最佳混合程度以及车辆的状态向量，如车速、电池 SOC、催化剂温度以及发动机温度。伊朗科技大学 M Montazeri-Gh 等[85] 对真实交通条件下的驾驶周期进行数据采集，基于聚类算法进行驾驶特征识别并实现对驾驶周期的分类，提高了能量管理策略的效率。Roberto Finesso 等[86] 基于聚类算法开发了一种无监督机器学习技术，识别基于规则的最优策略。都灵理工大学 Mattia Venditti[87] 使用相似的方法提取并联 HEV 的控制策略。

C　强化学习

强化学习（Reinforcement Learning，RL）是基于智能体与环境的持续交互实现策略优化的一种机器学习方法。如果智能体的行为导致了环境对智能体的积极奖励，那么这种动作被再次采取的趋势就会有所增加。反之，产生消极惩罚的行为在未来被采取的概率会被降低。因此，除了智能体和环境两个交互对象之外，强化学习还包括状态、奖励与动作 3 个关键要素。如图 1-15 所示，在能量管理问题中，动力系统燃油经济性模型、动力电池衰退模型以及交通条件通常被定义为环境，控制器内部的优化算法与映射关系被定义为智能体。与其他方法最大的差异在于，强化学习可以实现无模型的策略寻优。因此，这类方法不会像优化型算法那样高度依赖数字化模型的建模精度。此外，收敛后的强化学习模型可以直接根据状态到动作的最优映射关系完成能量管理，避免了基于数字化模型的在线计算，因此具有巨大的在线应用潜力。由于上述原因，强化学习成为近些年能量管理领域的研究热点。例如，美国南加州大学 Yue Siyu 等[88] 采用时序差分（Temporal Difference，TD）方法处理超级电容-锂电池复合电源纯电动汽车的能量管理问题。浙江大学 Fang Yuedong 等[89] 基于 TD 方法与历史工况数据优化混联式公交车的燃油经济性和排放特性，并在 ADVISOR 环境下进行仿真验证。加州大学 Qi Xuewei 等[90] 在基于 Q-learning 的能量管理方法中加入电池 SOC 保持功能。北京理工大学刘腾等[91] 对基于 RL 的能量管理策略进行了大量的研究，并全面评估了 Q-learning、Dyna 等算法在能量管理问题中的优化能力和训练成本。

经典强化学习方法通常以低维度的离散化表格表征控制策略。随着环境状态的维数增多或策略离散化精度的提高，控制模型所需的存储空间和计算时间呈现指数级增长的变化趋势，容易导致"维数灾难"。深度强化学习（Deep Reinforcement Learning，DRL）基于深度学习神经网络（Deep Neural Network，DNN）拟合策略的价值函数或策略本身，是解决上述相关问题的有效方法。

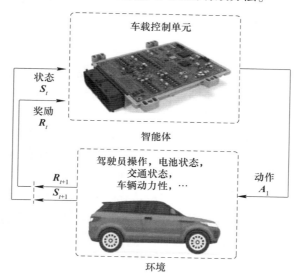

图 1-15 基于强化学习的能量管理策略

2　单轴并联混合动力系统建模

　　仿真技术在混合动力汽车能量管理的研究和开发过程中具有关键作用，它不仅便于灵活地调整能量管理策略的设计、优化，而且可以避免对人力、物力和财力的大量消耗，同时可以缩短设计周期。

　　不同于传统燃油汽车和纯电动汽车，混合动力汽车是装备有两个或两个以上动力源的复杂机电耦合系统，其各部件动态特性复杂，具有时变性和非线性特点。利用状态空间形式的常微分方程组来描述这些动态特性，可以准确反映系统的动态特性，因此在反馈控制系统或过程优化控制的设计中必不可少。然而对于能量管理而言，对所有部件进行动态建模，不但使计算量增大，对仿真精度的提高并没有多大贡献[92]。因此对部分部件仅考虑其稳态特性，以简化系统模型，有利于控制策略的验证和评价。

　　依据仿真过程中信息流（控制信号、能量流）的传递方向，混合动力汽车仿真建模方法分为前向仿真和后向仿真[93]，其流程如图 2-1 所示。从图中可以看

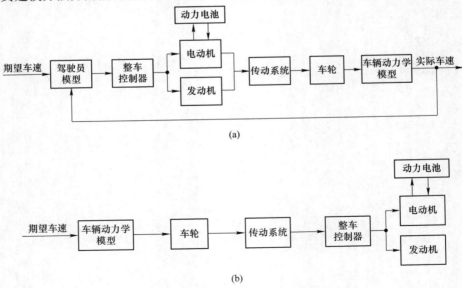

(a)

(b)

图 2-1　混合动力汽车前/后向仿真流程

（a）前向仿真流程；（b）后向仿真流程

出，两种仿真方法除了在信息流传递方向上有所不同，还在于是否有驾驶员模型的存在。在前向仿真模型中，驾驶员模型根据期望车速和仿真实际车速的变化动态调整加速/制动踏板，从而产生驱动/制动功率需求，需求功率经整车控制器计算分配给发动机和电动机，并通过传动系统传递至车轮处以对车辆进行驱动/制动，由车辆动力学模型计算出的实际车速再反馈至驾驶员模型，进行下一步的仿真计算。后向仿真模型未考虑驾驶员因素。后向仿真从满足车辆的驱动要求出发，对已知的循环工况，计算车轮处的驱动/制动需求功率，通过传动系统反向计算各部件输入端的需求功率，整车控制器依据控制策略进行功率分配，以功率需求值的形式传递给发动机和电动机。

前向仿真对各部件采取与实际驱动过程相类似的方式进行建模，因而它可以模拟各部件的时变性和非线性等动态特性，与此同时，对积分运算提出了较高要求，为提高仿真精度，通常要求仿真步长较小，因而运算速度较慢。后向仿真中各部件模型建立在其稳态特性的基础上，不考虑瞬态变化过程，因而计算简单，速度较快。但其缺点是需要预先设定循环工况，因而不能直接反映车辆的因果动态效应。

鉴于两种仿真方法各自的特点，本书同时采用了前向仿真和后向仿真方法，在减小仿真计算量的同时可以保证仿真结果的精度。前向仿真为主，建立用于能量管理控制策略实施和验证的仿真平台；后向仿真为辅，用于能量管理控制策略的开发设计。

本章基于 MATLAB/Simulink 软件平台搭建了混合动力系统各主要部件及整车动力学模型；分析了混合动力系统的工作模式及模式下的功率流流向；最后通过与台架试验对比，验证了仿真模型的有效性。

2.1　混合动力系统构成

本章以单轴并联混合动力客车为研究平台，对能量管理控制策略进行研究。该混合动力系统结构如图 2-2 所示。表 2-1 所示为整车的基本参数。

单轴并联混合动力传动系统包含机械部件和电气部件两部分。其中，机械部件主要包括发动机、离合器、电机（驱动电机/发电机）、自动机械变速器（Automatic Mechanical Transmission，AMT）、主减速器、驱动轴和车轮等；电气部件主要包括动力电池，以及整车控制器（Hybrid Control Unit，HCU）、发动机控制器（Engine Control Unit，ECU）、离合器和 AMT 控制器（Transmission Control Unit，TCU）、电机控制器（Motor Control Unit，MCU）、动力电池管理系统（Battery Management System，BMS）等控制单元。系统中发动机转矩与电机转矩通过离合器耦合后，经过 AMT、主减速器及驱动轴，最终传递到车轮，以驱动车辆。表2-2所示为系统主要部件性能参数。

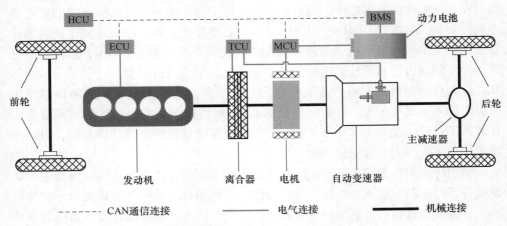

图 2-2 单轴并联混合动力汽车结构

表 2-1 混合动力客车整车参数

整车参数	参数值
整车整备质量/kg	12000
整车满载质量/kg	18000
长×宽×高/m×m×m	11.98×2.55×3.15
迎风面积/m^2	6.73
空气阻力系数	0.65
轮胎型号规格	275/70R22.5
车轮半径/m	0.5715
驱动形式	4×2 后轮驱动

表 2-2 单轴并联混合动力系统主要部件性能参数

部件名称	性能指标	参数值
发动机	最大功率/kW	125（2500 r/min）
	最大转矩/N·m	600（1300~1700 r/min）
	最高转速/r·min^{-1}	2600
电机	电机类型	永磁同步电机
	额定/峰值功率/kW	100/150
	额定/峰值转矩/N·m	360/650
传动系统	变速器传动比	6.37/3.71/2.22/1.36/1.00/0.74
	主减速器传动比	6.17

续表 2-2

部件名称	性能指标	参数值
动力电池	额定电压/V	650
	额定容量/kW·h	45.5
	单体容量/A·h	35
	单体数量	2P176S

2.2　系统仿真模型

图 2-3 为仿真模型的总体结构。该模型同时采用了前向仿真和后向仿真两种方法，它们都基于同样的模型参数。仿真模型中主要包括五大模块：整车控制器模块、驾驶员模块、动力系统模块、传动系统模块、整车动力学模块。其中，整车控制器中能量管理策略的设计采用后向仿真模型，将在第 5 章详细描述。本章以介绍其他 4 个模块的模型结构和数学表达为主。

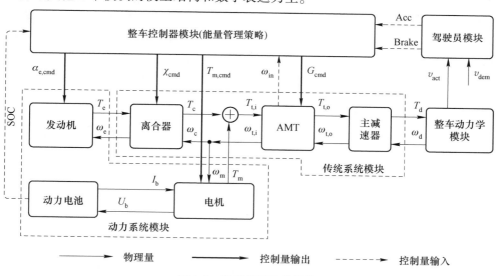

图 2-3　仿真模型总体结构

2.2.1　驾驶员模块

汽车驾驶员模型是建立整车系统仿真模型中的一个重要研究内容。驾驶员模型用于对行驶工况和车况的感知信息进行处理，并输出相应的控制信号给车辆的控制和执行机构，以实现车辆的行驶模拟。

人是一个非常复杂的大系统，具有很强的随机性、自适应性和时变性，要建立一个适应任何环境的精确数学模型来描述驾驶员的行为，是十分困难甚至根本不可能的。但同时也应看到，人作为自然界最有灵性的动物，其行为具有很强的目的性，其活动通常受到社会或个人的行为规范等方面的制约，受到空间客观条件的约束，因此，人的行为具有可预示性或遵守某种规律的特征。在充分认识这些能够反映驾驶员行为特征的一般性规律的基础上，用一定的数学理论来描述驾驶员在特定条件下的行为规律是可行的。

在工程实际中，应用最为广泛的调节器控制规律为比例（Proportional）、积分（Integral）、微分（Derivative）控制，即PID控制。当被控对象的结构和参数未知或其数学模型不精确导致无法实施控制行为时，系统控制器的结构和参数必须依靠经验和现场调试来确定，这时应用PID控制技术最为方便。PID控制器就是根据系统的误差，利用比例、积分、微分计算出控制量来进行控制，实际中也有使用PI和PD控制器的情况。

本书研究的重点在混合动力车辆纵向传动系统的能量管理问题，采用经典的PID控制器建立驾驶员模型，以模拟驾驶员加速和制动行为，即可满足仿真要求。一方面，车速误差可以乘以比例系数进行调节，即比例环节；同时，加速度也可以通过乘以比例系数来进行调节，即微分环节；另外，对车速误差进行积分调节也能很好地对输出进行控制。将上述3个环节组合起来就构成了本模型中的驾驶员PID控制模型。

驾驶员模型示意图如图2-4所示，驾驶员Simulink模型如图2-5所示。

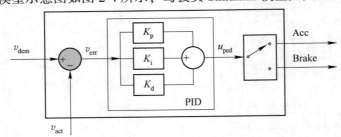

图 2-4　驾驶员模型示意图

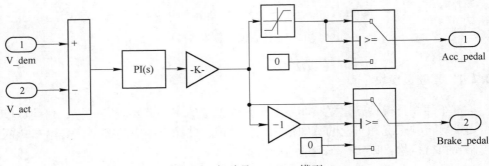

图 2-5　驾驶员 Simulink 模型

期望车速与实际车速的差值为：

$$v_{err}(t) = v_{dem}(t) - v_{act}(t) \tag{2-1}$$

式中，v_{err} 为车速偏差，km/h；v_{dem} 为期望车速，km/h；v_{act} 为实际车速，km/h。

驾驶员模型，即 PID 控制器输出控制信号 u_{ped}，进而得到加速/制动踏板开度信号：

$$u_{ped}(t) = K_p v_{err}(t) + K_i \int_0^t v_{err}(t) \, dt + K_d \frac{dv_{err}(t)}{dt} \tag{2-2}$$

$$\begin{cases} \alpha(t) = u_{ped}(t), & u_{ped}(t) > 0 \\ \beta(t) = u_{ped}(t), & u_{ped}(t) \leq 0 \end{cases} \tag{2-3}$$

式中，$u_{ped} \in [-1, 1]$；K_p、K_i、K_d 分别为比例、积分、微分系数；α 为加速踏板开度信号；β 为制动踏板开度信号。

2.2.2 动力系统模块

本书单轴并联混合动力系统采用了柴油发动机和永磁同步电机的动力组合。因此，动力系统模块主要包含发动机模型、电机模型以及动力电池模型。

2.2.2.1 发动机模型

作为混合动力汽车的主要动力源，发动机因其自身显著的非线性特点，真实模型十分复杂。但是，由于发动机的性能很大程度上决定着混合动力系统的动力学、经济性以及排放性，建立合理而准确的发动机模型将对能量管理策略的设计与验证至关重要。

目前常见的发动机建模方法有两种：理论建模法和实验建模法[52,94]。理论建模法以热力学、流体力学、理论力学以及化学等基本理论为依据，以高阶多项式或微分方程来描述燃油供给、燃烧、做功、排气等复杂过程，能够精确地反映发动机运行的动态特性，因此主要用于发动机自身的理论研究，如燃烧控制、排放处理、结构参数优化等。缺点是模型过于复杂，模型参数的精确值难以获取，计算时间过长，因而不适用于对整车模型的研究。试验建模法以大量的发动机特性试验数据为基础，通过数据拟合或查表建立发动机输入和输出之间的关系，不必考虑其内部运行的动态过程。试验建模法能够比较准确地反映发动机的稳态特性，而且方法简单，能够保证整车仿真模型的有效性。

本章采用试验建模法，通过试验获得发动机燃油消耗 MAP 图和转速-转矩 MAP 图，以此来反映发动机的稳态特性。利用查表的方式描述发动机模型的输入-输出关系，如图 2-6 所示，发动机 Simulink 模型如图 2-7 所示。

依据发动机转速-转矩 MAP 图，发动机的输出转矩可表示为加速/制动踏板开度和发动机转速的函数，同时考虑到发动机工作是一个动态过程，其转矩响应存在一定延迟，这里采用一阶惯性环节对其进行修正，因此，发动机的输出转矩

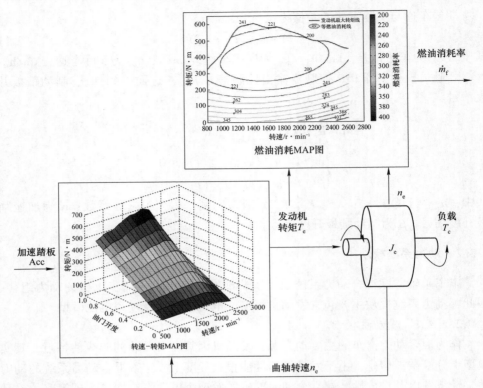

图 2-6　发动机模型输入-输出关系示意图

（扫描书前二维码看彩图）

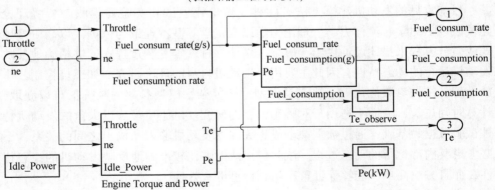

图 2-7　发动机 Simulink 模型

可表示为：

$$T_e = f_{torq}(n_e,\ \alpha) \cdot \frac{1}{\tau_e s + 1} \tag{2-4}$$

$$n_e = 30\omega_e / \pi \tag{2-5}$$

式中，T_e 为发动机输出转矩，$N \cdot m$；n_e 为发动机转速，r/min；ω_e 为发动机需求角速度，rad/s；α 为发动机油门开度；τ_e 为发动机输出转矩响应延迟时间，s；s 为拉普拉斯算子；f_{torq} 为发动机转矩特性的查表函数，发动机转速-转矩 MAP 图如图 2-8 所示。

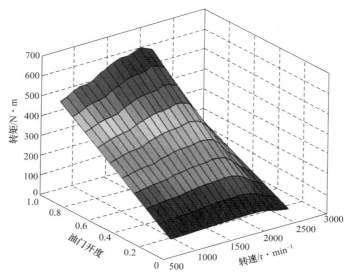

图 2-8 发动机转速-转矩 MAP 图

（扫描书前二维码看彩图）

根据力矩平衡关系，发动机模型的动力学方程可以表示为：

$$J_e \cdot \dot{\omega}_e = T_e - T_c \tag{2-6}$$

式中，J_e 为发动机曲轴及飞轮的转动惯量，$kg \cdot m^2$；T_c 为离合器传递转矩，$N \cdot m$。通过式（2-6）可以计算出发动机转速值。

依据发动机燃油消耗 MAP 图，瞬时油耗可表示为发动机转速和转矩的函数：

$$\dot{m}_f = f_{fuel}(T_e, n_e) \tag{2-7}$$

式中，$\dot{m}_f$ 为燃油消耗率，g/s；f_{fuel} 为燃油消耗率的查表函数，发动机燃油消耗 MAP 图如图 2-9 所示。

2.2.2.2 电机模型

电机是混合动力汽车的核心部件，它将电能转化为机械能以驱动车辆，或者将机械能转化为电能对车载电源进行充电[95]。电机在混合动力系统中通常具有以下功能：（1）输出转矩补偿以改善发动机的工作点，使其维持在高效区；（2）在起步等工况作为主要动力源来驱动车辆前行；（3）回收制动能量，或作为发电机为动力电池充电。

电机同样是一个集机械、电子、电磁于一体的多物理场耦合复杂系统，其数

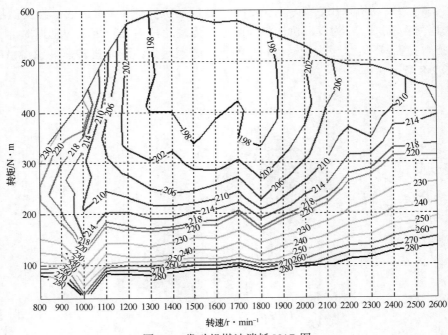

图 2-9　发动机燃油消耗 MAP 图

（扫描书前二维码看彩图）

学模型十分复杂。本章主要研究混合动力车辆行驶循环过程中的能量模型，因此忽略电机内部的动态物理过程，仅考虑电机转矩和转速的动态响应特性，电机模型输入-输出关系示意图如图 2-10 所示，电机 Simulink 模型如图 2-11 所示。

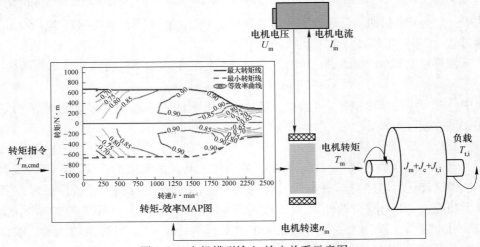

图 2-10　电机模型输入-输出关系示意图

（扫描书前二维码看彩图）

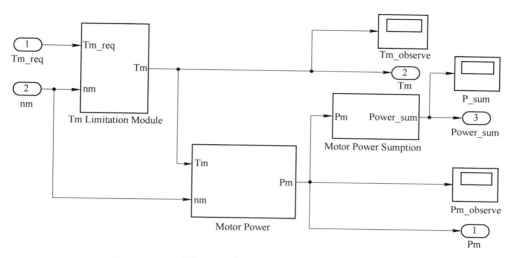

图 2-11　电机 Simulink 模型

　　采用实验建模法，依据电机外特性和效率 MAP 图，同时考虑电机的动态响应过程，采用一阶惯性环节模拟响应延迟，建立电机模型

$$T_{\mathrm{m}} = \begin{cases} \min(T_{\mathrm{m,cmd}},\ T_{\mathrm{m,dis,max}}) \cdot \dfrac{1}{\tau_{\mathrm{m}}s + 1},\ T_{\mathrm{m,cmd}} > 0 \quad 驱动状态 \\[3mm] \max(T_{\mathrm{m,cmd}},\ T_{\mathrm{m,char,min}}) \cdot \dfrac{1}{\tau_{\mathrm{m}}s + 1},\ T_{\mathrm{m,cmd}} < 0 \quad 发电状态 \end{cases} \qquad (2\text{-}8)$$

$$\eta_{\mathrm{m}} = \varphi(n_{\mathrm{m}},\ T_{\mathrm{m}}) \qquad (2\text{-}9)$$

其中，

$$T_{\mathrm{m,dis,max}} = f_1(n_{\mathrm{m}}) \qquad (2\text{-}10)$$

$$T_{\mathrm{m,char,min}} = f_2(n_{\mathrm{m}}) \qquad (2\text{-}11)$$

$$n_{\mathrm{m}} = 30\omega_{\mathrm{m}}/\pi \qquad (2\text{-}12)$$

式中，T_{m} 为电机输出转矩，N·m；$T_{\mathrm{m,cmd}}$ 为电机转矩指令，N·m；$T_{\mathrm{m,dis,max}}$ 为驱动状态下电机的最大转矩，N·m；$T_{\mathrm{m,char,min}}$ 为发电状态下电机的最小转矩，N·m；τ_{m} 为电机转矩响应延迟时间，s；η_{m} 为电机效率，%；n_{m} 为电机转速，r/min；ω_{m} 为电机角速度，rad/s。电机输出转矩和效率特性如图 2-12 所示。

　　电机电流为：

$$I_{\mathrm{m}} = \begin{cases} \dfrac{T_{\mathrm{m}} \cdot \omega_{\mathrm{m}}}{\eta_{\mathrm{m}} U_{\mathrm{m}}},\ T_{\mathrm{m}} > 0 \quad 驱动状态 \\[3mm] \dfrac{T_{\mathrm{m}} \cdot \omega_{\mathrm{m}} \cdot \eta_{\mathrm{m}}}{U_{\mathrm{m}}},\ T_{\mathrm{m}} \leqslant 0 \quad 充电状态 \end{cases} \qquad (2\text{-}13)$$

式中，I_{m} 为电机电流，A；U_{m} 为电机端电压，V。

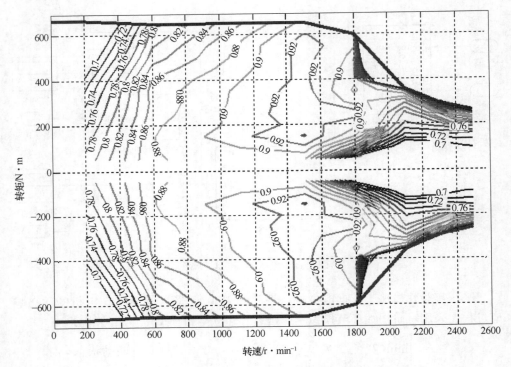

图 2-12　电机外特性和效率 MAP 图
(扫描书前二维码看彩图)

由于电机转子与离合器从动盘、变速器输入轴同轴相连，因此其动力学方程可表示为：

$$(J_m + J_c + J_{t,i})\dot{\omega}_m = T_m + T_c - T_{t,i} \tag{2-14}$$

式中，J_m、J_c、$J_{t,i}$ 分别为电机转子、离合器从动盘、AMT 输入轴转动惯量，$kg \cdot m^2$；$T_{t,i}$ 为变速器输入端转矩，$N \cdot m$。根据该动力学方程式可以求解反馈的电机转速。

2.2.2.3　动力电池模型

动力电池是混合动力汽车的另一个重要的能量源，它是一个可逆的电能储存系统，即可以将化学能转化为电能，释放电能为车辆提供驱动能源；反之，可以回收能源，将电能转化为化学能，使能量得以储存起来。其内部转化过程是一个复杂的电化学过程，受电池材料、温度、充放电电流等多种因素影响，很难对电池状态进行精确描述。在混合动力汽车能量管理的研究中，我们更关心动力电池的外特性，而不需要考虑其内部的反应过程。用于分析电池外特性的模型常见的有：等效电路模型、神经网络模型、部分放电模型和特定因素模型[96]。其中等效电路模型基于电池工作原理，利用常规电路元器件组成电路来描述电池的外特性，其结构简单，物理关系清晰，便于仿真计算。本章研究的能量管理基于一个持续时间较短的循环工况，因此，忽略温度等因素对电池性能的影响，这里采用Rint 模型。Rint 模型是等效电路模型中最简单的一种，它由开路电压 U_{oc}、电池内阻 R_{in} 和端电压 U 串联组成，如图 2-13 所示，动力电池 Simulink 模型如图 2-14 所示。

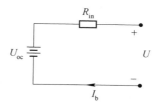

图 2-13　动力电池 Rint 模型

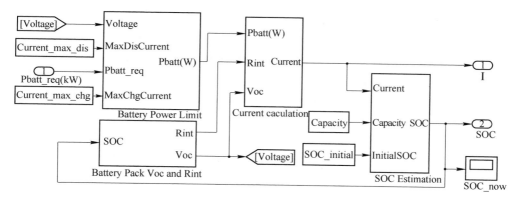

图 2-14　动力电池 Simulink 模型

由基尔霍夫电压定律，可以得到：

$$U(t) = U_{oc}(t) - R_{in}(t) \cdot I_b(t) \tag{2-15}$$

开路电压 U_{oc} 和电池内阻 R_{in} 与电池荷电状态 SOC 关系密切，基于试验可以获得它们之间的变化曲线，如图 2-15 和图 2-16 所示。

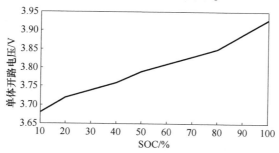

图 2-15　动力电池单体开路电压曲线

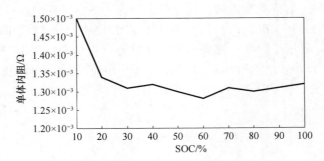

图 2-16　动力电池单体内阻曲线

利用查表函数对开路电压 U_{oc} 和电池内阻 R_{in} 进行求解取值：

$$U_{oc}(t) = f_3(q(t)) \cdot N_b \tag{2-16}$$

$$R_{in}(t) = f_4(q(t)) \cdot N_b \tag{2-17}$$

式中，$q(t)$ 表示电池荷电状态 SOC,%；N_b 为串联的电池单体数量。

SOC 是电池的重要参量，也是能量管理研究中关注的重点之一。它被定义为剩余电量 $Q(t)$ 与电池标称容量 Q_0 之比，即：

$$q(t) = \frac{Q(t)}{Q_0} \tag{2-18}$$

剩余电量 $Q(t)$ 通常无法直接测量，因此无法通过式（2-18）直接估计 SOC 值。根据电荷平衡，电池电量的变化与回路电流 I_b 近似相关，即：

$$\dot{Q}(t) = -I_b \tag{2-19}$$

电池放电/充电功率为：

$$P_m(t) = I_m(t)U_m(t) = I_b(t)U(t) = I_b(t)U_{oc} - R_{in}I_b^2(t) \tag{2-20}$$

结合式（2-19）和式（2-20），有：

$$\dot{q}(t) = -\frac{1}{Q_0}I_b(t) = -\frac{U_{oc} - \sqrt{U_{oc}^2 - 4R_{in}P_m(t)}}{2R_{in}Q_0} \tag{2-21}$$

因此，SOC 的估计计算公式为：

$$q(t) = q(t-1) + \int_{t-1}^{t}\left(-\frac{U_{oc} - \sqrt{U_{oc}^2 - 4R_{in}P_m(\tau)}}{2R_{in}Q_0}\right)d\tau \tag{2-22}$$

式中，$q(t-1)$ 为 $t-1$ 时刻电池 SOC 值。

2.2.3　传动系统模块

传动系统模块主要包括离合器、自动变速器、主减速器、传动轴等。能量管理策略研究中并不关心传动系统部件的扭振特性，因而将传动轴视为刚性组件。这里主要对离合器、自动变速器、主减速器进行动态建模，以获取输入端、输出端的转速和转矩关系为主要内容。

2.2.3.1 离合器模型

干式离合器是该混合动力系统实现工作模式切换以及发动机动力传递的关键部件。离合器工作状态有 3 种：分离状态、滑摩状态和接合状态。在以往能量管理研究的整车建模中，离合器模型较为简单，部分模型中没有考虑滑摩状态，即离合器仅存在分离和接合状态；而部分模型中，通过分析离合器分离轴承处位移与离合器传递转矩的关系，来建立离合器滑摩状态的数学模型[97]。上述模型是基于经典库仑摩擦定律来描述正压力与摩擦力矩之间的关系，即：

$$\begin{cases} T_{c,st} = \mu_{c,st} F_N R_c \\ T_{c,sl} = \mu_{c,sl} F_N R_c \end{cases} \tag{2-23}$$

式中，$T_{c,st}$ 和 $T_{c,sl}$ 分别为最大静摩擦力矩和滑动摩擦力矩，N·m；$\mu_{c,st}$ 和 $\mu_{c,sl}$ 分别为静摩擦系数和滑动摩擦系数；F_N 为两摩擦片间压紧力，N；R_c 为等效摩擦半径，m。

这类模型是静态模型，不能很好地描述离合器工作过程中的动态特性，如主、从动盘相对转速较低时的 Stribeck 摩擦效应。为了更精确地仿真离合器动静摩擦切换过程，本章采用 Karnopp 摩擦模型，并考虑 Stribeck 效应，建立离合器动态仿真模型。模型结构如图 2-17 所示。Karnopp 摩擦模型是一种状态转换模型，如图 2-18 所示。

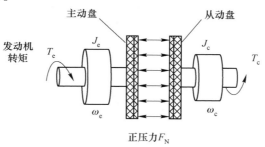

图 2-17 离合器模型示意图

基于 Karnopp 摩擦模型，并考虑 Stribeck 效应[94]，离合器传递的摩擦转矩为：

$$T_c = \begin{cases} (\min(T_e, T_{c,st})) \operatorname{sgn}(\Delta\omega), & |\Delta\omega| < D_\omega \\ \left(T_{c,sl} + (T_{c,st} - T_{c,sl}) e^{\left(-3\frac{|\Delta\omega|}{\omega_s}\right)}\right) \operatorname{sgn}(\Delta\omega), & |\Delta\omega| \geqslant D_\omega \end{cases} \tag{2-24}$$

式中，T_c 为离合器传递转矩，N·m；$\Delta\omega = \omega_e - \omega_c$ 为主、从动盘转速差，rad/s；$\operatorname{sgn}(\cdot)$ 为符号函数；D_ω 为 Karnopp 模型 0 速度区间的转速限值，rad/s；ω_s 为 Stribeck 速度，rad/s。

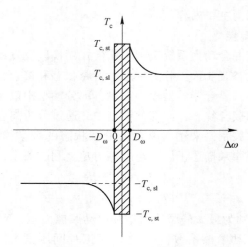

图 2-18　Karnopp 摩擦模型

当相对速度 $|\Delta\omega| \geqslant D_\omega$ 时，系统处于滑动状态，离合器传递转矩由相对速度确定的动摩擦力矩来决定；当相对速度 $|\Delta\omega| < D_\omega$ 时，认为系统处于接合状态并进行状态转换，离合器传递转矩由离合器输入转矩决定，且不大于最大静摩擦转矩[98]。

当离合器锁定为接合状态时，主、从动盘的转速相等，即：

$$\omega_e = \omega_c \tag{2-25}$$

当离合器处于滑摩状态时，反馈至主动盘的转速，也就是发动机转速的计算公式为：

$$\omega_e = \omega_0 + \int_{t_0}^{t} \frac{T_e(\tau) - T_c(\tau)}{J_e} d\tau \tag{2-26}$$

式中，ω_0 为 t_0 时刻离合器输入轴转速，rad/s。

当离合器处于完全分离状态时，发动机输出动力被切断，离合器传递转矩为零（见式（2-27）），其主动盘和从动盘的转速亦无关联。

$$T_c = 0 \tag{2-27}$$

2.2.3.2　变速器模型

AMT，即自动机械式变速器，是在传统手动变速器的基础上增加了一套自动操纵换挡机构，以代替驾驶员实现自动换挡，其结构实现简单，而且具有与手动变速器同样高的传动效率，在商用车领域应用广泛。AMT 模型输入-输出关系示意图如图 2-19 所示。

变速器输入、输出端的转矩和转速关系为：

$$T_{t,i} = T_c + T_m \tag{2-28}$$

$$T_{t,o} = T_{t,i} \cdot i_g(G_{num}) \cdot \eta_g \tag{2-29}$$

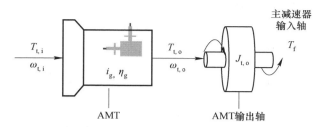

图 2-19 AMT 模型输入-输出关系示意图

$$\omega_{t,i} = \omega_{t,o} \cdot i_g(G_{num}) \tag{2-30}$$

式中，$T_{t,i}$ 为 AMT 输入转矩，N·m；$T_{t,o}$ 为 AMT 输出转矩，N·m；$i_g(G_{num})$ 为 AMT 速比；G_{num} 为 AMT 当前挡位；η_g 为 AMT 传动效率；$\omega_{t,i}$ 为 AMT 输入轴转速，rad/s；$\omega_{t,o}$ 为 AMT 输出轴转速，rad/s。

AMT 输出轴动力学方程为：

$$J_{t,o}\dot{\omega}_{t,o} = T_{t,o} - T_f \tag{2-31}$$

式中，$J_{t,o}$ 为 AMT 输出轴转动惯量，kg·m²；T_f 为主减速器输入轴转矩，N·m。

2.2.3.3 主减速器模型

主减速器一般是由一组或多组减速齿轮副构成，拥有固定的传动比，在传动系统中起到了降低转速、增大转矩，以及改变动力传递方向的作用。主减速器模型输入-输出关系示意图如图 2-20 所示。

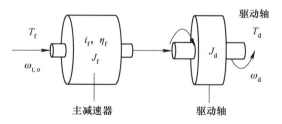

图 2-20 主减速器模型输入-输出关系示意图

主减速器输入、输出端的转矩和转速关系为：

$$T_d = T_f \cdot i_f \cdot \eta_f \tag{2-32}$$

$$\omega_{t,o} = \omega_d \cdot i_f \tag{2-33}$$

式中，T_d 为主减速器输出转矩，即驱动轴输出转矩，N·m；i_f 为主减速器速比；η_f 为主减速器传动效率；ω_d 为驱动轴转速，rad/s。

主减速器输出轴动力学方程为：

$$(J_f + J_d)\dot{\omega}_d = T_f - T_d \tag{2-34}$$

式中，J_f 和 J_d 分别为主减速器输出轴和驱动轴转动惯量，kg·m²；T_d 为驱动轴转矩，N·m。

传动系统 Simulink 模型如图 2-21 所示。

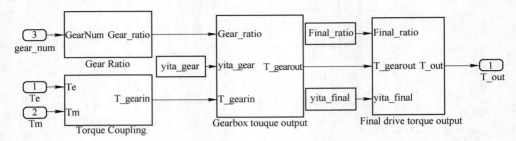

图 2-21　传动系统 Simulink 模型

2.2.4　整车动力学模块

2.2.4.1　车辆驱动动力学模型

本章研究的混合动力系统能量管理只考虑车辆的纵向运动，因而忽略侧偏及操纵稳定性的影响。车辆行驶受力分析如图 2-22 所示。

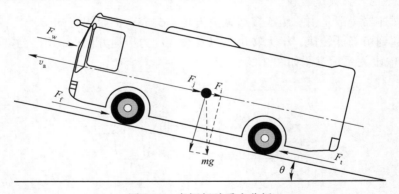

图 2-22　车辆行驶受力分析

车辆动力源输出的驱动转矩传递至车轮，通过轮胎与地面作用产生驱动力，忽略轮胎变形和滑移的影响，车辆的驱动力为：

$$F_t = \frac{T_d}{r_w} \tag{2-35}$$

式中，r_w 为车轮滚动半径，m。

车辆行驶过程受到的行驶阻力有：

$$F_f = mgf\cos\theta \tag{2-36}$$

$$F_i = mg\sin\theta \tag{2-37}$$

$$F_w = \frac{C_D A v_a^2}{21.15} \tag{2-38}$$

式中，F_f 为滚动阻力，N；F_i 为坡度阻力，N；F_w 为空气阻力，N；m 为整车整备质量，kg；g 为重力加速度，m/s²；f 为滚动阻力系数；θ 为道路坡度，rad；C_D 为空气阻力系数；A 为迎风面积，m²；v_a 为车速，km/h。

根据能量守恒定律，车辆驱动动力学模型为：

$$\frac{1}{2}J_w \dot{\omega}_d \cdot 4 + \frac{1}{2}mv_a^2 = (F_t - F_f - F_i - F_w)\frac{v_a^2}{2\dot{v}_a} \tag{2-39}$$

式中，J_w 为单个车轮的转动惯量，kg·m²。

车辆行驶过程中，不考虑轮胎滑移时，有以下关系：

$$\begin{cases} v_a = r_w \omega_d \\ \dot{v}_a = r_w \dot{\omega}_d \end{cases} \tag{2-40}$$

将式（2-35）、式（2-40）代入式（2-39），于是有：

$$(4J_w + mr_w^2)\dot{\omega}_d = T_d - (F_f + F_i + F_w)r_w \tag{2-41}$$

整车纵向动力学 Simulink 模型如图 2-23 所示。

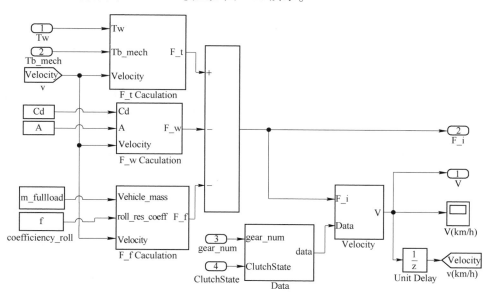

图 2-23 整车纵向动力学 Simulink 模型

2.2.4.2 再生制动系统动力学模型

在车辆进行制动时，再生制动系统将一部分动能转化为电能存储到动力电池中以备车辆驱动时使用，因此该系统是提高混合动力汽车能量综合利用率，实现节能减排的重要手段之一。制动过程中车辆的受力分析如图 2-24 所示。

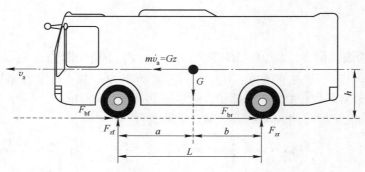

图 2-24　车辆制动受力分析

车辆所需的总制动力 $F_{b,dem}$ 为：

$$F_{b,dem} = m\dot{v}_a = Gz = F_{bf} + F_{br} \tag{2-42}$$

式中，G 为汽车总重量，kg；$z = \dot{v}_a/g$ 为制动强度；F_{bf}、F_{br} 分别为前、后轮制动力，N，它们与地面法向反力的关系为：

$$\begin{cases} F_{bf} = \mu F_{zf} = \mu G(b + zh)/L \\ F_{br} = \mu F_{zr} = \mu G(a - zh)/L \end{cases} \tag{2-43}$$

式中，F_{zf}、F_{zr} 分别为地面对前、后轮的法向反作用力，N；μ 为地面附着力，N；h 为汽车质心高度，m；a 为质心到前轴的距离，m；b 为质心到后轴的距离，m；L 为轴距，m。

在车辆制动时，为了利于车辆的方向稳定性，以及地面附着条件的利用，理想的情况是前、后轮同时抱死，即前、后轮附着系数相同，因此有：

$$\frac{F_{bf}}{F_{br}} = \frac{F_{zf}}{F_{zr}} = \frac{b + zh}{a - zh} \tag{2-44}$$

结合式（2-42），可得：

$$F_{br} = \frac{1}{2}\left[\frac{G}{h}\sqrt{b^2 + \frac{4hL}{G}F_{bf}} - \left(\frac{Gb}{h} + 2F_{bf} \right) \right] \tag{2-45}$$

该曲线即为理想的前、后轮制动力分配曲线。依据该曲线进行制动力分配，可以获得良好的制动效能。本章研究的混合动力汽车为后轮驱动，后轮制动力可由电机和制动器单独或组合提供。设后轮制动分配系数为 β，电机制动力的分配系数为 β_{re}，则有：

$$\begin{cases} F_{br} = \beta F_{b,dem} \\ F_{re} = \beta_{re} F_{br} \end{cases} \tag{2-46}$$

式中，F_{re} 为电机制动力，N。所以电机的制动转矩为：

$$T_m = \frac{F_{re}r_w}{i_f i_g \eta_f \eta_g} \tag{2-47}$$

在满足车辆制动效能的前提下，为尽可能多地回收制动能量，可依据制动强度的大小，分配制动力：

（1）轻度制动，制动强度 $z<0.1$，远小于地面附着系数，此时单独使用后轴的电机制动，所以 $\beta=1$，$\beta_{re}=1$；

（2）中度制动，分配系数 β 由理想制动力分配曲线确定，分配到后轮的制动力小于电机所能提供的最大制动力 $F_{re,max}$，此时后轮采用单电机制动，即 $\beta_{re}=1$；

（3）重度制动，分配系数 β 由理想制动力分配曲线确定，分配到后轮的制动力大于电机所能提供的最大制动力 $F_{re,max}$，此时后轮采用电机和机械复合制动，即 $\beta_{re}=F_{re,max}/F_{br}$；

（4）紧急制动，制动强度 $z>0.7$，为保证车辆制动安全，仅采用机械制动，分配系数 β 由理想制动力分配曲线确定，电机不参与制动，因此 $\beta_{re}=0$。

2.3　系统工作模式与功率流分析

车辆行驶需求功率与动力源驱动/制动功率的平衡由整车控制器进行分配调节，确定电机驱动/回收的功率与发动机和电机的耦合功率之间的比值，即控制变量 $u=P_m/(P_e+P_m)$，连同对离合器的控制，使车辆在不同的工作模式下运行。基本的工作模式主要有：单发动机驱动模式、单电机驱动模式、混合驱动模式、行车充电驱动模式、再生制动模式。

2.3.1　单发动机驱动模式

车辆行驶需求功率为正，由发动机单独提供驱动能量，驱动电机不提供动力，即控制量 $u=0$。功率传递路线为：发动机—离合器—传动系统—驱动轮，如图 2-25 所示。

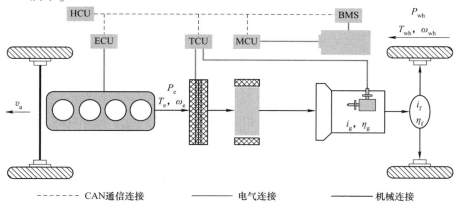

图 2-25　单发动机驱动模式

由功率平衡关系可以得出：

$$P_{wh} = P_e \eta_g \eta_f \tag{2-48}$$

$$T_{wh} \omega_{wh} = T_e \omega_e \eta_g \eta_f \tag{2-49}$$

式中，P_{wh} 为驱动轮处的需求功率，kW；T_{wh} 为驱动轮出的转矩，N·m；ω_{wh} 为驱动轮转速，rad/s。

2.3.2　单电机驱动模式

车辆行驶需求功率为正，由电机单独提供驱动力，发动机不提供动力，即控制量 $u = 1$。功率传递路线为：动力电池—电机—传动系统—驱动轮，如图 2-26 所示。此时离合器是断开的。

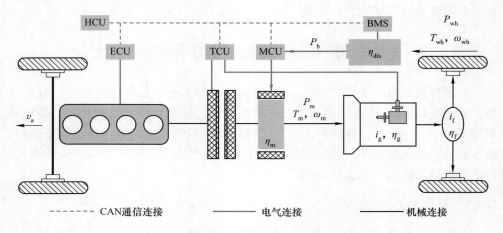

图 2-26　单电机驱动模式

由功率平衡关系可以得出：

$$P_{wh} = P_m \eta_g \eta_f = P_b \eta_m \eta_g \eta_f = U_{oc} I_b \eta_{dis} \eta_m \eta_g \eta_f \tag{2-50}$$

$$T_{wh} \omega_{wh} = T_m \omega_m \eta_g \eta_f \tag{2-51}$$

式中，P_b 为电池输出功率，kW；η_{dis} 为电池放电效率。

2.3.3　混合驱动模式

车辆行驶需求功率为正，由发动机和电机共同提供驱动力，此时控制量 $0 < u < 1$。功率传递路线为：由发动机和电机共同输出转矩，通过离合器进行耦合，经传动系统传递至驱动轮，如图 2-27 所示。在此模式下，电机辅助发动机驱动车辆行驶，使发动机可以在高效区运行。

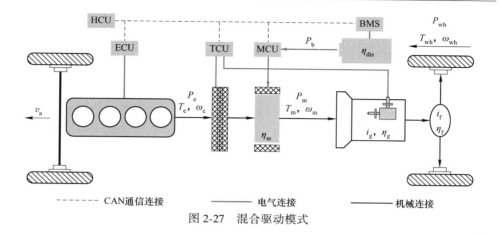

图 2-27 混合驱动模式

由功率平衡关系可以得出：

$$P_{wh} = (P_e + P_m)\eta_g\eta_f \quad (P_m > 0，电池放电)$$
$$= (P_e + P_b\eta_m)\eta_g\eta_f \tag{2-52}$$
$$= (P_e + U_{oc}I_b\eta_{dis}\eta_m)\eta_g\eta_f$$
$$T_{wh}\omega_{wh} = (T_e n_e + T_m\omega_m)\eta_g\eta_f \quad (T_m > 0) \tag{2-53}$$

2.3.4 行车充电驱动模式

发动机输出的功率，一部分经传动系统传递到驱动轮，以驱动车辆行驶；一部分经电机为电池进行充电，此时电机处于发电工作模式，此时控制量 $u<0$。功率传递路线有两条，分别为：（1）发动机—离合器—传动系统—驱动轮；（2）发动机—离合器—发电机—电池，功率传递如图 2-28 所示。该模式常用于驱动负载较低或者电池电量较低的情况下，发动机附带为电池充电，可以提高发动机负荷率，从而使其工作在高效区，提高了能量利用率。

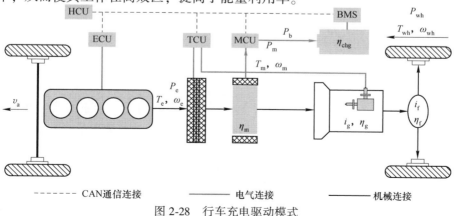

图 2-28 行车充电驱动模式

由功率平衡关系可以得出：

$$P_{\mathrm{wh}} = (P_{\mathrm{e}} + P_{\mathrm{m}}) \eta_{\mathrm{g}} \eta_{\mathrm{f}} \quad (P_{\mathrm{m}} < 0，电池充电) \tag{2-54}$$

$$P_{\mathrm{b}} = P_{\mathrm{m}} \eta_{\mathrm{m}} = U_{\mathrm{oc}} I_{\mathrm{b}} / \eta_{\mathrm{chg}} \tag{2-55}$$

$$T_{\mathrm{wh}} \omega_{\mathrm{wh}} = (T_{\mathrm{e}} n_{\mathrm{e}} + T_{\mathrm{m}} \omega_{\mathrm{m}}) \eta_{\mathrm{g}} \eta_{\mathrm{f}} \quad (T_{\mathrm{m}} < 0) \tag{2-56}$$

式中，η_{chg} 为电池充电效率。

2.3.5　再生制动模式

驾驶员对车辆进行制动操作时，车辆行驶需求功率为负，电机处于发电工作模式，对电池进行充电，以回收车辆动能，此时控制量 $u = 1$。功率传递路线为：驱动轮—传动系统—发电机—电池，如图 2-29 所示。

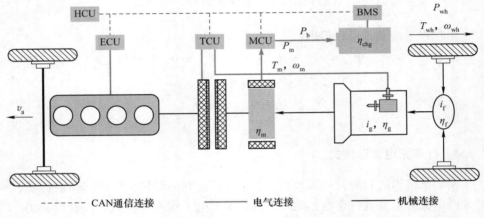

图 2-29　再生制动模式

由功率平衡关系可以得出：

$$P_{\mathrm{m}} = P_{\mathrm{wh}} \eta_{\mathrm{g}} \eta_{0} \quad (P_{\mathrm{m}} < 0，电池充电；P_{\mathrm{wh}} < 0，车辆制动) \tag{2-57}$$

$$P_{\mathrm{b}} = P_{\mathrm{m}} \eta_{\mathrm{m}} = U_{\mathrm{oc}} I_{\mathrm{b}} / \eta_{\mathrm{chg}} \tag{2-58}$$

$$T_{\mathrm{m}} \omega_{\mathrm{m}} = T_{\mathrm{wh}} \omega_{\mathrm{wh}} \eta_{\mathrm{g}} \eta_{\mathrm{f}} \quad (T_{\mathrm{m}} < 0，T_{\mathrm{wh}} < 0) \tag{2-59}$$

2.4　模型验证

混合动力系统模型的搭建是为了给能量管理策略的设计验证提供有效而精确的仿真环境，为此需要验证模型的准确性。能量管理通常是在某个行驶工况下，以燃油经济性为优化目标，并依据电池 SOC 变化，对发动机和电机转矩进行分配，因此从车速精度、发动机和电机扭矩、燃油消耗、电池 SOC 等几个方面对模型进行验证。

本节利用混合动力系统台架试验，验证仿真模型的准确性。单轴并联混合动力系统台架如图 2-30 所示。由于系统台架中仅在变速器输出端装有转矩传感器，无法直接测量发动机和电机转矩，这里通过测量变速器输出轴转矩对其进行间接验证。通过测功机模拟中国典型城市公交循环工况，进行台架试验测试车速、变速器输出转矩、燃油消耗率及电池 SOC，并与模型仿真结果进行对比分析，如图 2-31 所示。

图 2-31（a）与（b）分别对比了台架试验和仿真模型在中国典型城市公交循环工况下的车速响应曲线和 AMT 输出转矩响应曲线，其中台架试验的车速响应曲线由变速器输出轴转速测量值计算而来。由于传感器的测量误差，测量的车速和转矩值存在波动和误差；由仿真模型获得的车速和转矩响应曲线更为光滑。从图中可以看出，台架试验与仿真的车速和转矩响应曲线基本保持一致，验证了仿真模型响应效果良好。

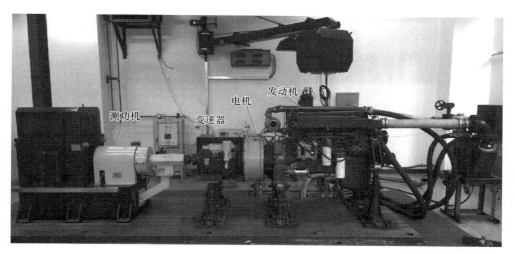

图 2-30　单轴并联混合动力系统台架

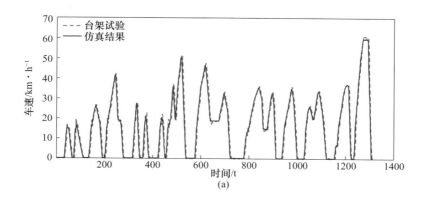

(a)

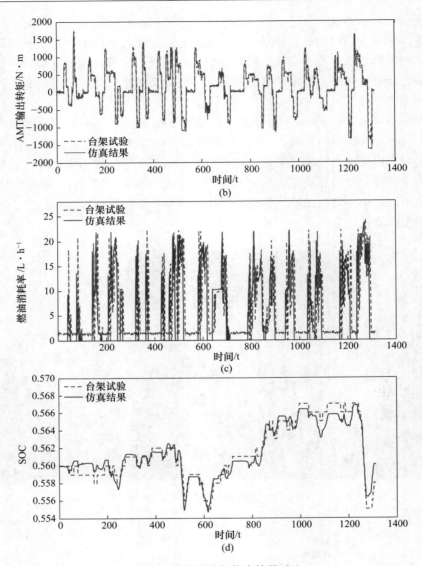

图 2-31　台架试验与仿真结果对比

（a）车速精度对比；（b）AMT 输出转矩精度对比；（c）燃油消耗率对比；（d）电池 SOC 对比

图 2-31（c）对燃油消耗率进行了对比。台架试验燃油消耗率是由燃油流量计测量而得，由于燃油流量计的动态响应速度较慢，以及发动机实际运行受排放等因素限制，而仿真模型是通过查表方式计算燃油消耗率，存在插值误差，这些导致了两者测得的燃油消耗率存在一定误差，但是整体趋势基本一致。由台架试验测得的循环工况累计燃油消耗量为 1.845 L，仿真结果为 1.809 L，误差为 1.95%，仿真精度较高。

图 2-31 （d）对电池 SOC 变化曲线进行了对比。台架试验的电池 SOC 数据由电池管理系统检测并进行周期性发送，因此数据存在截断误差；仿真曲线更为连贯光滑。两者变化趋势基本一致，电池 SOC 终值分别为 0.558 和 0.556，误差为 0.002。

综上，仿真模型在车速和输出转矩响应、燃油消耗以及电池 SOC 变化等方面都能与台架试验保持很好的一致性，可以满足能量管理算法设计验证所需的精度要求。

2.5　本章小结

本章基于单轴并联混合动力汽车的结构特点建立整车仿真建模，旨在为能量管理算法研究提供仿真平台，主要内容包括：

（1）采用理论建模和试验建模相结合的方法建立了混合动力系统各主要部件及整车的前向动态仿真模型，主要包括驾驶员模型、基于试验数据的动力系统模型、基于动力学理论的传动系统模型、整车纵向动力学模型以及再生制动动力学模型等。

（2）研究分析了混合动力系统的工作模式及其功率流传递路径，给出了各工作模式下的功率平衡关系式，为能量管理策略的研究奠定了基础。

（3）基于台架试验，对仿真模型进行精确性验证。在给定循环工况下，分别从车速和变速器输出转矩响应特性、燃油消耗以及电池 SOC 变化等方面，进行了试验测试和仿真计算的对比分析。结果表明仿真结果与试验结果保持了较好的一致性，具有较好的准确性，为后续能量管理策略的开发设计和验证提供了有效的仿真模型。

3 城市工况交通建模及数据分析

汽车行驶工况是车辆在行驶过程中速度随时间变化的曲线。据此可以对汽车的燃油经济性和排放性进行估算，也可以实现车辆行驶的模拟仿真，以用于新技术的开发和评估。为此，世界各国都开发出了适合本国的典型行驶工况，如美国UDDS、FTP 工况，欧洲的 NEDC 工况，日本的 J10-15 工况等。

混合动力汽车能量管理与行驶工况密切相关。针对控制策略的优化均是基于一定的行驶工况。不同的行驶工况，所得的优化结果通常也不相同。为了对实际交通环境具有良好的工况适应性，基于未来工况预测的能量管理策略是当前研究的热点。

车辆在行驶过程中，受自身以及外界诸多因素的制约和影响，使得车速时间序列表现出高度的非线性、复杂性和不确定性的基本特征，因此对未来工况的预测有赖于对影响行车速度相关因素的研究分析，挖掘它们之间所蕴含的相互作用的关联信息。车联网的发展使得车辆对多源动态信息的获取更为便捷，为未来工况的预测提供了丰富的数据。

本章以实际交通路网为背景，基于 VISSIM 交通仿真软件，模拟车联网环境下的城市交通路网，建立了 3 种不同行驶工况的交通流模型，模拟车辆在城市道路上的行驶状态，实时提取目标车辆与前方车辆的车速和交通信息，并对各信息变量与目标车辆车速进行相关性分析及筛选，为后续未来工况预测提供有效的数据支撑。

3.1 城市交通场景设置

3.1.1 车联网概述

车联网是物联网、智能交通以及智能化汽车等领域的重要交集，涵盖了现代信息通信技术、智能交通、车载信息服务、汽车电子等广泛的技术和应用。由于各研究领域对车联网内涵的理解不同，因此车联网尚没有一个标准的定义。传统车联网主要是指车辆上的车载电子设备通过无线通信技术，实现对信息网络平台上所有车辆的静态、动态信息进行提取和有效利用，对车辆的运行状态进行有效监管，以满足人们对车辆不同的功能和服务需求[99]。

随着移动通信、云计算等相关技术的发展，以及人工智能等新技术的融入，车联网的内涵也在不断扩大。车联网已发展成为一种基于人、车、路、云高度协同、开放融合的网络系统。它利用先进的信息通信和处理技术，对人、车、道路交通基础设施等环境因素的大规模复杂信息进行感知、认知和计算，以解决异构移动融合网络环境下智能管理和信息服务的可计算性、可扩展性和可持续性问题，最终实现人、车、环境的深度融合[100]，如图 3-1 所示。其技术体系结构主要分为感知层、网络层和应用层。

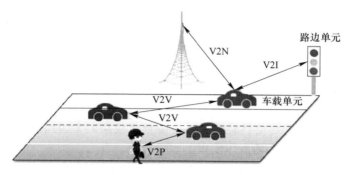

图 3-1　车联网通信示意图

（1）感知层主要职责是收集有关车辆、交通环境和个人设备的信息，如车辆实时运行数据（速度、方向、加速度、位置、发动机状况）、道路环境数据（车流密度、天气状况）、行人信息等，通过具有无线通信能力的终端设备，实现车辆与其他车辆、行人、道路基础设备、云平台等之间的信息接收、发送。该层主要包括车载无线通信终端、道路通信设施、个人便携式通信终端，以及车辆和道路基础设施中的各种传感器。

（2）网络层利用 LTE/4G、Wi-Fi、WAVE、卫星网络等异构网络技术，实现车与车（V2V）、车与路（V2I）、车与人（V2P）、车与网络平台（V2N）等的全方位网络连接和信息交互。该层的主要职责是处理从异构网络接收的不同信息结构，并重新组合成可在每个候选网络中识别和处理的统一结构。

（3）应用层包括统计工具、存储支持和处理基础设施，这些基础设施构成智能车联网，为移动汽车提供基于大数据的处理（即访问计算资源、内容搜索、频谱共享等），并负责存储，以及分析、处理和决策不同的风险状况（如交通拥挤、危险道路状况等）。其目标是能够利用从不同系统和技术（大数据、无线传感器网络、云计算等）获得的信息进行融合从而做出统一的决策。

5G 技术的发展以及商业化的推进，以其高速率、低时延、高可靠等特性，成为未来车联网实现规模化商用的重要支撑。5G 移动通信技术在低时延、高移动性车联网场景的应用，解决了当前车联网面临的多方面问题和挑战，使车载单元在高速移动下获得更好的性能。而且，5G 通信技术让车联网不用单独建设基站和服务基础设施，而是随着 5G 通信技术的应用普及而普及，为车联网的发展带来历史性的机遇。

3.1.2　交通场景设置

本章拟在车联网环境下建立城市工况交通流模型，通过 V2V、V2I 通信技术获取周围车辆实时运行状态数据以及交通状态信息，利用获得的信息数据对目标车辆未来行驶速度进行预测，进而用于整车能量管理策略的设计开发。由于本章的研究对象为城市客车，因此主要考虑城市工况交通流建模。不同于高速工况和城郊工况，城市工况下车流量大，道路拥挤，车速较低，车速变化频繁且变化幅度较大，受交通信号灯的控制致使车辆起停频繁。

实际的城市交通工况复杂多变，建立逼真的交通模型将会异常困难，而且本书的研究重点在于混合动力汽车预测能量管理的开发设计，探究车联网环境下的车速预测对能量管理策略的优化潜力，并不涉及复杂的交通路况以及交通优化控制等问题。因此，对交通场景作出以下假设：

（1）路网中车辆单向行驶，不考虑在十字路口有转向的情况；

（2）不考虑行人、骑行者等随机因素。

为了研究车联网在车速预测中的应用，设置了如图 3-2 所示的交通场景。目标车辆 A 的运动受到前方车辆 B 和车辆 C 的运动的影响，它们之间存在一定的因果联系。为了预测目标车辆 A 的未来车速曲线，需要知道车辆 B 和车辆 C 的运动状态信息以及交通信息，这些信息可以通过 V2V 和 V2I 通信获得。表 3-1 所示为所收集的车辆行驶状态以及交通状态信息。

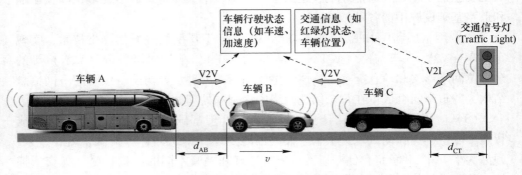

图 3-2　交通仿真场景设置

表 3-1　车辆行驶状态信息及交通信息

状态信息	符号表示
目标车辆 A 车速	v_A
目标车辆 A 加速度	a_A

状态信息	符号表示
目标车辆 A 与前方车辆 B 的速度差	Δv_{AB}
目标车辆 A 与前方车辆 B 的车间距	d_{AB}
前方车辆 B 车速	v_B
前方车辆 B 加速度	a_B
前方车辆 C 车速	v_C
前方车辆 C 距前方交通灯的距离	d_{CT}

以真实交通路网为原型，假设前后跟随的 3 辆车 A、B 和 C 在预设道路上由北向南单向行驶。在这里本书考虑 3 种行驶工况，以探究在不同的行驶工况下车速预测的效果，检验所提预测算法的泛化能力。此 3 种行驶工况具体设置为：

工况 I：车辆在辅路（慢车道）上单车道行驶，不考虑换道情况，在主要十字路口设有交通信号灯；

工况 II：车辆在辅路（慢车道）上双车道行驶，考虑道路上的车流存在换道情况，在主要十字路口设有交通信号灯，与工况 I 比较，该工况交通较为复杂；

工况 III：车辆在主路（快车道）上单车道行驶，不考虑换道情况，在整个线路上不受交通信号灯的控制。

3.2 城市工况交通仿真建模

交通仿真是运用计算机数学模型来模拟真实交通系统的运行状态，复现交通流状态随时间和空间的变化、分布规律及其与交通控制变量之间的关系。依据研究对象描述程度的不同，目前的交通仿真分为宏观仿真、中观仿真和微观仿真 3 个层次[101]。宏观交通仿真从全局角度来分析研究交通系统特性，一般是一个区域或者一个城市的整个交通网的宏观特性，对交通系统中的各要素及行为细节描述较少；中观交通仿真对交通系统各要素及行为细节描述程度较高，反映一定区域内包含若干车辆的车队整体动态情形；微观交通仿真以交通中参与的每个交通元素个体（如车辆、行人、信号灯等）的行为作为研究对象，通过对各个个体行为的模拟来反映交通系统的运行状态。本章所设置的交通场景以单个车辆为研究对象，所以采用微观交通仿真模型。

VISSIM 是目前应用较为广泛的一款微观交通仿真软件，常用于仿真城市环境下的交通运行状况，以图形化的界面直观显示车辆运动状态，同时可依据不同需求实时采集相应的车辆状态信息和交通信息等数据。

　　依据 3.1.2 节中所设置的交通场景，在 VISSIM 中建立城市工况下交通路网，仿真 V2V 和 V2I 通信环境下车辆的运行状况，并采集所需要的车辆行驶状态信息和交通信息。其仿真流程如图 3-3 所示。

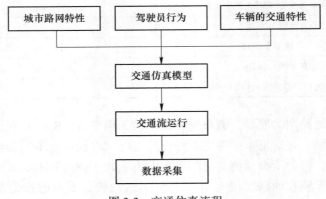

图 3-3　交通仿真流程

　　本书研究的重点是在城市工况环境下利用多源数据集对车辆进行短期车速预测，并应用于混合动力汽车的能量管理，不考虑复杂的交通环境，因此在交通仿真建模时作以下假设：

　　（1）车辆单向行驶，无超车、无左转或右转等情况。

　　（2）路网中所有车辆均具备短程通信功能，通信距离为 200 m。忽略通信延时、错误数据等影响。

　　（3）不考虑自行车、行人等因素影响。

3.2.1　城市路网特性

　　城市路网特性主要包括城市道路路网结构和交通信号灯的设置。

　　（1）路网模型。以北京真实路网为背景，在 VISSIM 中建立简化的路网模型，如图 3-4 所示。根据所设置的 3 种行驶工况，路网模型由一个快车道、一个慢车双车道，以及若干十字交叉路口和交通信号灯等组成。车道均为由北向南的单向道，十字交叉路口处东西方向不设车流，不考虑转向。

　　（2）交通信号控制。各十字交叉路口均设置交通信号灯，所有交通灯均由信号控制机控制，采用固定相位配置红绿灯时间，信号周期设为 60 s。

3.2.2　驾驶员行为

　　驾驶员行为主要体现为跟驰行为特征和变道行为特征，这两个最基本的行为特征共同构成了交通行为模型。

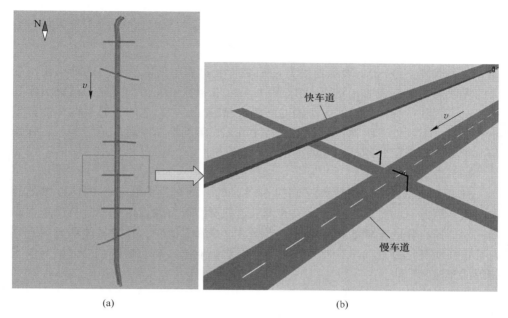

图 3-4 路网模型

（a）路网整体模型；（b）模型局部特写

3.2.2.1 跟驰模型

跟驰模型是交通系统仿真中重要的动态模型，也是城市工况下主要的驾驶员行为特征。跟驰模型是运用动力学方法来探究在单车道上车辆按队列行驶时的运动状态。国内外学者对跟驰模型已经进行了大量、系统的研究，主要有以下几类：刺激-反应模型、安全距离模型、生理-心理模型、模糊推理模型和元胞自动机模型[102]。

VISSIM 中适用于城市工况的跟驰模型是 Wiedemann 于 1974 年建立的生理-心理驾驶行为模型，即 Wiedemann 74 模型。该模型是由驾驶员通过感知自身车辆与前方车辆之间的车间距和速度差，通过行为阈值曲线的触发机制来控制本车速度的变化。

典型的驾驶行为阈值曲线如图 3-5 所示。Wiedemann 74 模型中驾驶员基于对与前方车辆车间距和速度差的感知，会产生以下几种驾驶状态：

（1）制动状态。

图 3-5 中，AX 表示车辆静止时与前车的期望距离，它包括前车的车长和前、后车间的期望距离，这个距离是基于驾驶员对安全驾驶的需求，服从正态分布。跟驰间隔下限 ABX 表示在速度差较小的情况下驾驶员对跟驰行驶距离的最小期望值，包括静止期望距离 AX 和安全制动距离 BX。因此在驾驶员感知到与前方

车辆之间的距离减小到 1ABX 时，会采取制动减速操作，当距离继续减小至 AX 时，则会有撞车危险。

（2）跟驰状态。

跟驰间隔上限 SDX 表示驾驶员在跟驰行驶过程中所能感觉到的前车距离变大的界限值。研究表明 SDX 是 ABX 的 1.5~2.5 倍，SDX 值的变化与驾驶员密切相关。当驾驶员感知到与前方车辆的间距在 ABX 和 SDX 之间，而且两车的速度差较小时，车辆处于跟驰行驶状态，驾驶员无显著的加速或者减速行为，在保持与前车处于安全距离的基础上调整本车车速。

（3）接近状态。

SDV 是前、后车间距偏大（超过 SDX）时，两车逐渐接近时的速度差的感知阈值，因此它的量纲为速度。该值表示驾驶员能否有意识地感知到自己正在靠近一辆低速行驶的车辆的临界状态。当超过这个临界值时，驾驶员能明显感觉到自身正在明显地靠近前车，此时驾驶员会下意识地选择制动减速，以保持与前车相近的车速。

CLDV 是前、后车间距离较短时（在 ABX 和 SDX 之间），两车逐渐接近时的速度差的感知阈值，量纲为速度。当前、后车速度较小时，驾驶员能够感知到正在接近前车的过程，此时会降低车速，在与前车距离较短的情况下能够更小心安全地驾驶。

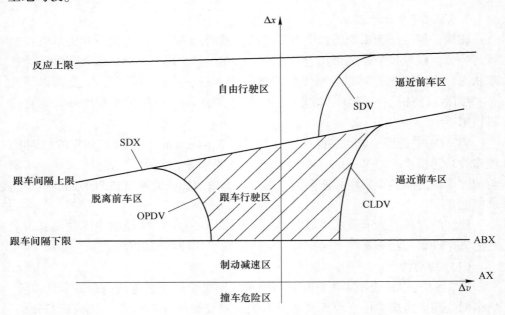

图 3-5　Wiedemann 74 模型驾驶行为阈值示意图

（4）脱离状态。

OPDV 表示前、后车逐渐远离时的速度差的感知阈值，量纲为速度。超过该阈值时，驾驶员能显著感知到前车速度明显高于自己，车辆正处于脱离状态。

（5）自由状态。

当前、后车的距离大于 SDX，且驾驶员感知不到正在接近前车时，车辆处于自由行驶状态。此时前车的驾驶行为不会影响到后车驾驶员。在此状态下，驾驶员会下意识地加速并保持在期望的车速或道路限定速度下行驶。

3.2.2.2　换道模型

换道模型是微观交通仿真中车辆的另一个基本的动态特征。换道行为分为必要的换道和自由换道。必要的换道是由于车辆具有明确的目标车道，在一定区间内必须进行换道的行为，如匝道的分流或合流等。自由换道是车辆在多车道道路上行驶时为追求更高的车速或更自由的驾驶空间而进行的换道行为。

VISSIM 中车辆换道是基于一系列规则来进行的。待变道车辆根据自身车速和目标车道上后车的车速，通过两个速度计算变道的时间差，再根据车辆的加减速度特性来考虑是否进行换道。

3.2.3　车辆的交通特性

车辆的交通特性主要包含交通组成、交通流量以及车辆性能特性。

（1）交通组成。

实际交通中的车流是由多种类型的车辆构成的，不同的车辆类型之间存在物理特性（如车身尺寸）、机动性能等方面的差异。交通组成是指道路上的各类型车辆在交通流中所占的比例。本章所设的交通组成由小汽车和大型客车组成，占比为 70%∶30%。

（2）交通流量。

交通流量是指进入路段的车辆流量的大小，它与所进入的路段和时间间隔有关。在某一时间间隔内车辆进入路段的规律服从泊松分布。对 3.1.2 节所设的 3 种不同的行驶工况，交通流量均分别设置为 300 辆/小时、400 辆/小时、500 辆/小时和 600 辆/小时，进行多组仿真实验。

（3）车辆性能特性。

车辆性能特性主要是指不同车辆类型的期望速度及加减速性能。

1）期望车速：指车辆在无约束条件下（自由行驶），驾驶员所期望达到的最高安全行驶车速。该车速取决于道路等级以及驾驶员性别、年龄、驾驶风格的差异，并呈现先出一定的不确定性。车辆的实际行驶车速与期望车速并非完全一致，通常情况下，行驶车速小于期望车速，只有在不受其他车辆干扰的情况下，车辆会以其期望车速行驶（具有微小的随机波动）。针对不同的行驶工况，小汽车和大型客车的期望车速设置如表 3-2 所示。

表 3-2　不同车辆类型的期望车速

参数	车辆类型	行驶工况		
		工况 I	工况 II	工况 III
期望车速	小汽车	45（40~55）	45（40~55）	60（57~65）
/km·h⁻¹	大型客车	40（35~45）	40（35~45）	50（45~52）

2）车辆加减速性能由表征驾驶员驾驶行为差异的函数来表示，即车辆加/减速函数。针对不同的行驶工况，小汽车和大型客车的期望加速度设置如表 3-3 所示。

表 3-3　不同车辆类型的期望加速度

参数	车辆类型	行驶工况		
		工况 I	工况 II	工况 III
期望加速度	小汽车	2.5~0（0~250 km/h）	2.1~0（0~250 km/h）	3.1~0（0~250 km/h）
/m·s⁻²	大型客车	1.5~0（0~100 km/h）	1.3~0（0~100 km/h）	1.6~0（0~100 km/h）

3.3　数据采集及分析处理

3.3.1　数据采集

VISSIM 经仿真运行可以获得大量的原始数据或集聚数据，如车辆行驶状态、车道变换、车辆行程时间、绿灯时间分布等。基于所搭建的城市交通仿真模型，针对不同行驶工况进行多组仿真实验后，分别采集表 3-1 所示的车辆行驶状态信息以及交通信息。由于 VISSIM 的仿真精度为 0.1 s，需要对原始数据进行后处理，整理成步长为 1 s 的序列数据，仿真结果如图 3-6 所示。

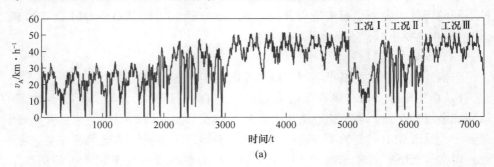

(a)

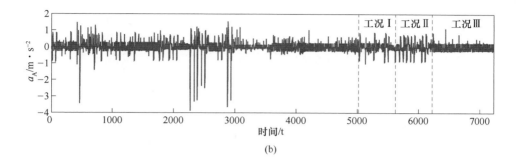

(b)

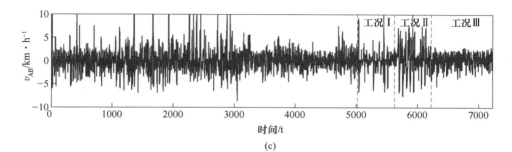

(c)

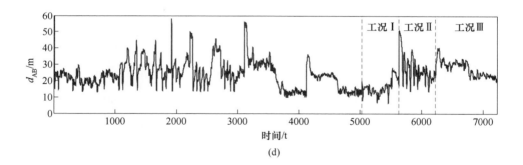

(d)

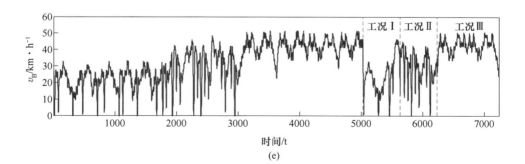

(e)

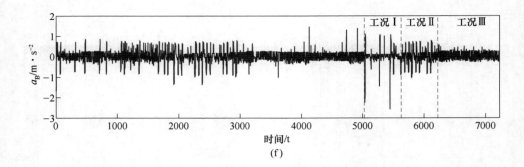

(f)

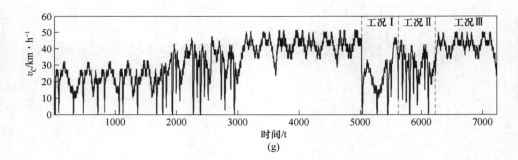

(g)

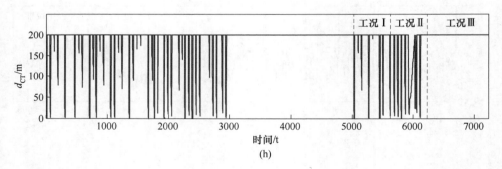

(h)

图 3-6　仿真结果

（a）目标车辆 A 的车速；（b）目标车辆 A 的加速度；（c）目标车辆 A 与前车 B 的速度差；
（d）目标车辆 A 与前车 B 的车间距；（e）前车 B 的车速；（f）前车 B 的加速度；（g）前车 C 的车速；
（h）前车 C 距前方红灯的距离

3.3.2　变量相关性分析及筛选

上述采集的数据信息包含了目标车辆和其前方车辆的实时行驶状态信息以及交通信息，这些信息构成了非平稳多变量时间序列数据。各变量之间相互影响，且变量发展变化的内在趋势直接影响预测性能。在对目标变量进行预测时，如果将所有变量均作为预测模型的输入，不仅不能提高网络的性能，反而会因为引入了更多的噪声而导致精度下降。如果仅将目标变量作为预测模型的输入，那么可以挖掘到的规律有限，以致预测精度较低。因此有必要对所采集的数据变量与目标变量进行相关性分析，筛选出与目标变量相关度最高的变量，即影响目标车辆车速的最相关因素，为预测模型提供完备而有效的训练数据。

相关性分析旨在揭示两个变量在变化趋势方面存在着的非确定性的依赖关系。图 3-7 展示了各变量与目标变量的散点图。

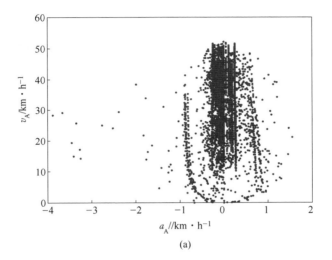

(a)

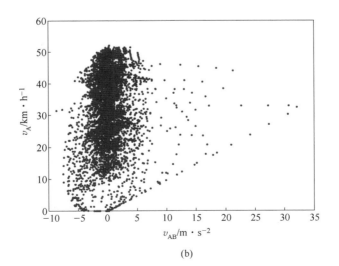

(b)

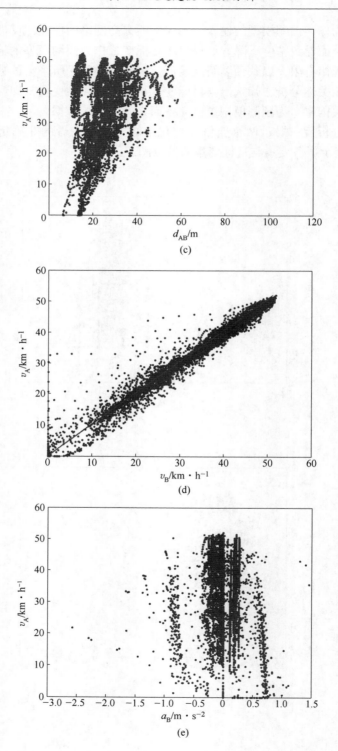

(c)

(d)

(e)

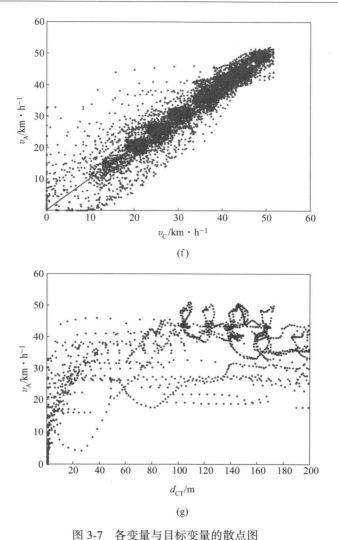

图 3-7 各变量与目标变量的散点图

（a）a_A-v_A；（b）v_{AB}-v_A；（c）d_{AB}-v_A；（d）v_B-v_A；（e）a_B-v_A；（f）v_C-v_A；（g）d_{CT}-v_A

从图 3-7 中可以看出，目标车辆 A 的车速 v_A 与前方车辆 B、C 的车速 v_B、v_C 具有线性相关性，也就是说 v_A 随着 v_B、v_C 一起变化，因而 v_A 受到 v_B、v_C 极强的影响。其关系的密切程度由相关系数来描述。皮尔逊相关系数（Pearson Correlation Coefficient，PCC），是一种描述连续变量的线性相关系数，其基本定义为：

$$r_{xy} = \frac{\mathrm{Cov}(X, Y)}{\sigma_X \sigma_Y} \tag{3-1}$$

$$\mathrm{Cov}(X, Y) = \frac{\sum_{i=1}^{n}(x_i - \bar{x})(y_i - \bar{y})}{n - 1} \tag{3-2}$$

$$\sigma_X = \sqrt{\frac{\sum_{i=1}^{n}(x_i - \bar{x})^2}{n - 1}} \tag{3-3}$$

$$\sigma_Y = \sqrt{\frac{\sum_{i=1}^{n}(y_i - \bar{y})^2}{n - 1}} \tag{3-4}$$

式中，r_{xy} 为皮尔逊相关系数；$\mathrm{Cov}(X, Y)$ 为变量数列 X 和 Y 的协方差；σ_X、σ_Y 分别为变量数列 X、Y 的标准差；$\bar{x}$、$\bar{y}$ 分别为变量数列 X 和 Y 的样本均值；n 为样本数量。

协方差虽然可以表示两个变量的相关性，然而由于受变量的量纲影响，无法从协方差的数值大小来得出变量的相关强度。皮尔逊相关系数是用协方差除以两个变量的标准差而得的，使得其值介于-1 和 1 之间，相关系数越接近于 1 或-1，表示两个变量的相关性越强，相关系数越接近于 0，则相关性越弱。表 3-4 给出了相关系数取值范围所对应的相关强度。

表 3-4　相关系数与相关强度的关系

相关系数绝对值	相关强度
0.8~1.0	极强相关
0.6~0.8	强相关
0.4~0.6	中等程度相关
0.2~0.4	弱相关
0~0.2	极弱相关或无相关

由此，根据所采集的相关变量的样本数据，可以计算出各变量与目标变量的皮尔逊相关系数值，如表 3-5 所示。从计算结果也同样可以看出，v_A 与 v_B、v_C 具有极强相关性，因此选择这两个变量作为外部影响因素，与目标变量一同作为预测模型的输入，在降低原始数据维度的同时，可以提高预测精度。

表 3-5　各变量与目标变量相关系数值

目标变量	相关变量						
	a_A	v_{AB}	d_{AB}	v_B	a_B	v_C	d_{CT}
v_A	0.0018	0.1306	0.2774	0.9805	-0.1086	0.9466	0.1277

3.4 本章小结

行驶工况数据的采集是进行混合动力汽车未来工况预测和能量管理策略研究的前提和基础，本章针对城市工况交通建模和数据采集开展了如下工作：

（1）设置了车联网环境下的城市工况交通仿真场景，模拟通过 V2V、V2I 通信技术获取车辆运行状态信息和交通信息，并以实际城市交通路网为背景，设置了 3 种不同的行驶工况，用于不同工况下的车速预测和能量管理策略研究。

（2）阐述了包含跟驰和换道等基本行为的交通流建模理论，基于 VISSIM 交通流仿真软件，对 3 种工况进行仿真建模。并采集相应的数据，为行驶工况预测提供完备的数据。

（3）针对不同工况，采集相应的多源动态信息，并对各信息变量与目标车辆车速进行相关性分析，筛选出相关性极强的变量，为车速预测提供有效的输入变量。

4 车速预测方法研究

车辆行驶环境复杂，针对车辆控制的预测时域往往在几秒到几十秒之间[13]，时间尺度较短，因此是一种短期预测。对车辆未来行驶工况的准确预测，应用于能量管理策略的开发设计，可以实现对混合动力汽车的实时优化控制。

现有的工况预测方法，多是基于单一的预测方法，如传统的统计学方法[13]（指数平滑预测、随机预测）、人工智能方法（BP 神经网络、链式神经网络[52]）等。传统统计学方法的函数形式较为固定，而且对研究的工况具有较为严格的限制，只有在满足假设条件的情况下才能表现出较好的预测性能，然而实际的驾驶环境却是十分复杂，常与假设条件不相符。人工智能方法在处理复杂工况的预测方面显示出其独特的优势，通过建立非线性系统输入、输出的映射关系，可以复现或模拟系统的特性和动态行为，但它们同样也存在着自身缺陷，如参数敏感性、局部最优与过度拟合等。

在此背景下，混合方法的使用成为近年来时间序列预测研究领域中一个新的发展趋势[103]。刘钊等[104] 针对短时交通流预测，提出了一种混合预测模型（KNN-SVR），利用 K 近邻方法搜索与当前交通状态近似的历史交通流时间序列，而后利用支持向量回归原理进行预测。罗文慧等[105] 结合卷积神经网络（CNN）与支持向量机（SVR）对交通流进行了预测，利用 CNN 提取交通流特征，然后将其输入到 SVR 回归模型中进行预测。混合方法的优点就在于通过利用两个或两个以上不同的方法进行有序组合，综合利用各方法的长处并弥补其他方法的不足，得到优于单一方法的预测结果。

本章基于"先分解后融合"的思想，提出了一种利用卷积神经网络和双向长短期记忆网络相结合的混合深度学习（CNN-BiLSTM）的短时工况车速预测方法，即分解-融合车速预测模型。首先，利用 STL 分解算法对各变量进行趋势周期分解，得到各变量的特征分量；其次，基于 CNN-BiLSTM 网络分别对各变量的特征分量进行预测；最后，将各个预测结果进行融合，最终输出车速预测结果。通过与常规 BP 神经网络预测方法进行对比，以检验分解-融合车速预测模型的预测性能，并为预测能量管理算法的设计提供数据支撑。

4.1 分解-融合车速预测模型

基于"先分解后融合"思想建立的分解-融合预测模型，首先是将处于复杂交通环境中的目标车辆车速时间序列以及相关影响因素的时间序列数据分解为易于描述并具有特定意义的简单模态分量，然后各个模态分量分别进行分析和预测，最后融合各个分量预测结果形成复杂交通环境下的短时工况预测结果。短期工况预测模型框架如图 4-1 所示。

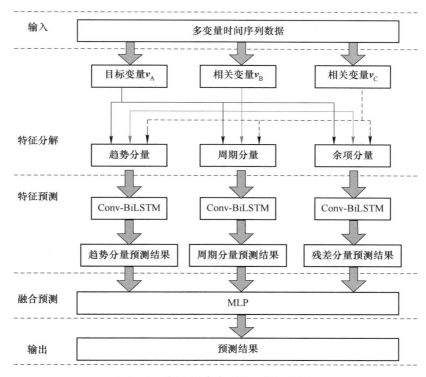

图 4-1　分解-融合车速预测模型框架

目标车辆通过实时收集本车和前方车辆的行驶状态数据以及交通信息数据，利用训练好的预测模型，即可预测一定时域的未来车速，并以该预测时域为周期，向后滚动预测。

依据目标变量以及所筛选的相关变量，预测模型的输入为：

$$\boldsymbol{N}_{\mathrm{in}} = \begin{bmatrix} \boldsymbol{v}_{\mathrm{A}}(t), & \boldsymbol{v}_{\mathrm{A}}(t-1), & \cdots, & \boldsymbol{v}_{\mathrm{A}}(t-d) \\ \boldsymbol{v}_{\mathrm{B}}(t), & \boldsymbol{v}_{\mathrm{B}}(t-1), & \cdots, & \boldsymbol{v}_{\mathrm{B}}(t-d) \\ \boldsymbol{v}_{\mathrm{C}}(t), & \boldsymbol{v}_{\mathrm{C}}(t-1), & \cdots, & \boldsymbol{v}_{\mathrm{C}}(t-d) \end{bmatrix}^{\mathrm{T}} \tag{4-1}$$

式中，$\boldsymbol{N}_{\mathrm{in}}$ 为预测模型的输入向量；d 为使用的历史数据个数。

输出为目标车辆在未来一定时域内的车速，即：

$$\boldsymbol{N}_{\mathrm{out}} = [\boldsymbol{v}_{\mathrm{A}}(t+1), \boldsymbol{v}_{\mathrm{A}}(t+2), \cdots, \boldsymbol{v}_{\mathrm{A}}(t+p)]^{\mathrm{T}} \tag{4-2}$$

式中，$\boldsymbol{N}_{\mathrm{out}}$ 为预测模型的输出向量；p 为预测时域。

复杂交通环境下车速时间序列呈现出一定的数据特征，本章采用 STL 分解法对输入向量 N_{in} 中的各个变量进行特征分解，以获得更易于进行预测的趋势、周期等特征分量；然后，利用由一维卷积神经网络和双向长短期记忆网络组成的复合深度学习网络模型，对各个特征分量进行学习预测；最后，利用多层感知器神经网络（MLP）对各个分量预测结果进行智能融合，形成最终的预测结果。

4.1.1　变量的时序特征分解

STL（Seasonal-Trend decomposition procedure based on Loess）是一种以局部加权回归（Loess）作为平滑算法的时间序列分解方法，最早由 Cleveland 提出[106]。其中，Loess 是一种非参数局部多项式回归拟合，对给定观测时间窗口的散点进行加权最小二乘法回归，即越靠近估计点的值其权重越大，这样可以很好地处理异常值。利用该局部回归模型进行逐点运算进而得到整条拟合曲线。

利用 STL 分解法，预测模型的各输入变量（$X = [v_A; v_B; v_C]$）时间序列（t）数据被分解为趋势分量、周期分量和余项分量：

$$X_t = T_t + S_t + R_t \quad t = 1, 2, \cdots, N \tag{4-3}$$

式中，T_t 表示趋势分量；S_t 表示周期分量；R_t 表示余项分量。

STL 分解法由内层循环和外层循环两个递归过程组成，内层循环嵌套在外层循环里，如图 4-2 所示。内层循环每运行一次，趋势分量和周期分量就会被更新一次，一个完整的内层循环是由 n_i 个这样的迭代过程组成的。每一个外层循环传递都由内层循环组成，通过外层循环可以计算得到稳健性权重，这些权重用于减小异常值对下一个内层循环中趋势分量和周期分量更新的影响。

4.1.1.1　内层循环

内层循环主要进行趋势分量和周期分量的更新，详细过程如下：

（1）将当前时刻的原始时序数据 X_t 分解为趋势分量 T_t、周期项分量 S_t 和余项分量 R_t 之和，给趋势分量 T_t 赋初值 $T_t^{(0)}$，一般设置 $T_t^{(0)} = 0$；

（2）将当前时刻的原始时序数据减去上一轮循环得到的趋势分量，得到第一时间序列 $X_t - T_t^{(k)}$，其中，k 为迭代次数；

（3）对所述第一时间序列 $X_t - T_t^{(k)}$ 进行 Loess 局部多项式拟合回归，并向前、向后各延展一个周期，计算每一个时间点的平滑值，平滑结果组合得到临时周期子序列 $C_t^{(k+1)}$，$t = -n_p + 1, \cdots, N + n_p$，其长度为 $N + 2 \times n_p$，其中，n_p 为一个周期的样本数，此步骤需选定周期分量的 Loess 平滑参数 n_s；

（4）对所述临时周期子序列 $C_t^{(k+1)}$ 依次进行长度分别为 n_p、n_p 和 3 的 3 次滑动平均，再次进行 Loess 回归，得到长度为 N 的第二时间序列 $L_t^{(k+1)}$，$t = 1, \cdots, N$；去除周期性差异，相当于提取周期子序列的低通量，此步骤需选定低通滤波的 Loess 平滑参数 n_1；

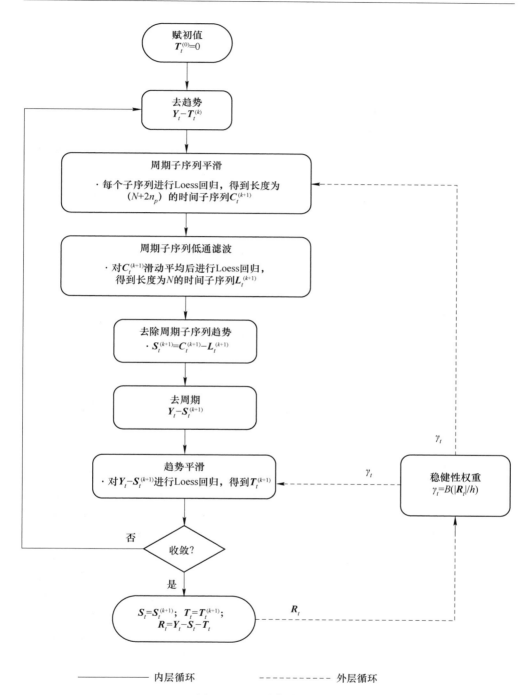

图 4-2 STL 时序分解过程

（5）利用所述临时周期子序列 $C_t^{(k+1)}$ 减去所述第二时间序列 $L_t^{(k+1)}$，得到周期分量的第 $k+1$ 次迭代结果 $S_t^{(k+1)} = C_t^{(k+1)} - L_t^{(k+1)}$；

（6）利用原始时序数据 Y_t 减去周期分量的第 $k+1$ 次迭代结果，得到第三时间序列 $Y_t - S_t^{(k+1)}$；

（7）对所述第三时间序列 $X_t - S_t^{(k+1)}$ 进行 Loess 回归，得到趋势分量的第 $k+1$ 次迭代结果 $T_t^{(k+1)}$，此过程需选定趋势分量的 Loess 平滑参数 n_t；

（8）判断得到的趋势分量与周期分量是否收敛，若收敛，则时间序列的趋势分量为 $T_t = T_t^{(k+1)}$，周期项分量为 $S_t = S_t^{(k+1)}$，余项分量为 $R_t = X_t - T_t - S_t$；若不收敛，则返回步骤（2），重新进行循环，直到趋势分量和周期分量收敛为止。

4.1.1.2 外层循环

外层循环主要用于调整 Loess 平滑的稳健性权重，以应对序列中的异常值。若序列中含有异常值时，则会产生一个非常大的余项值 $|R_t|$，其相对应的稳健性权重则很小或者为 0。所以，定义

$$h = 6 \cdot \mathrm{median}(\,|R_t|\,) \tag{4-4}$$

对于 t 时刻的序列值，其稳健性权重为：

$$\gamma_t = B(\,|R_t|/h\,) \tag{4-5}$$

其中 B 的函数表达式为：

$$B(\tau) = \begin{cases} (1 - \tau^2)^2, & 0 \leqslant \tau < 1 \\ 0, & \tau > 1 \end{cases} \tag{4-6}$$

内层循环的每次迭代过程中，在周期子序列平滑和趋势平滑步骤中，需要考虑稳健性权重。

4.1.2　面向特征预测的混合深度学习网络

由于处理数据量大、计算性能高，深度学习是目前最流行的数据驱动方法[107]，它可以自动学习时间序列数据中的固有特征，因而在数据分析预测方面具有明显优势。循环神经网络（Recurrent Neural Network，RNN）是一类以序列数据为输入，在序列的演进方向进行递归的深度学习网络。由于具有记忆性、参数共享等特点，RNN 及其各种改进模型[108-110] 在对序列数据的常非线性特征进行学习时具有一定优势，因而适合于时间序列数据的分析和预测。然而，RNN 由于其固有的结构特点，使得在高度复杂的多变量数据的预测中性能有所下降，这是由以下原因造成的：

（1）RNN 可以很好地处理单变量时序数据，但是对于具有诸多影响因素的多变量时序数据，则较难学习它们之间的相关特征，进而影响到预测性能；

（2）RNN 具有很强的捕获短期非线性时间关系的能力，但它们无法对长时间数据建模。这是由于误差的反向逐层传递，使得在距离当前层较为久远的层上

产生梯度消失，导致无法获得对长期依赖关系的规律；

（3）RNN 只能从一个方向来学习数据间的依赖规律（如基于历史车速信息），而忽略了对未来信息的依赖关系。

基于上述原因，本部分采用了一种混合深度学习网络结构，即 CNN-BiLSTM。CNN 是深度学习的代表算法之一，它是包含卷积计算的前馈神经网络，在图像识别与分类、人脸识别、自然语言处理等领域应用较为广泛[111]。近年来，CNN 在时间序列预测领域得到了深入挖掘，其局部连接和权值共享等特性使得处理多变量时间序列的网络复杂度大大降低，减少了训练参数的数量，在提高学习效率的同时，具有强鲁棒性和容错能力[112]。长短时记忆网络（Long Short-Term Memory，LSTM）是 RNN 网络的一个变体，它解决了 RNN 网络存在的梯度消失或爆炸的问题，进而可以获取数据间的长期依赖关系。双向 LSTM 网络具有与 LSTM 相同的单元模块，以相反的方向处理序列数据，并将结果反馈到输出层，即向输出层提供输入序列数据中每个值完整的历史与未来信息，使得预测结果会更为精确。因此将 CNN 和双向 LSTM 相结合，利用 CNN 提取多变量间的局部特征关系；利用双向 LSTM 从完整而连贯的历史及未来信息中学习与汽车车速相关的时间序列数据的时空依赖性。图 4-3 所示为混合深度学习算法框架。

首先，对输入的各分解特征时间序列，以历史数据使用个数 d 将其分割为多个局部域，利用多个一维 CNN 对各个多变量局部域进行局部趋势特征学习，进而研究不同历史数据使用量对预测结果的影响。之后，这些由一维 CNN 网络所提取的局部特征被传递至双向 LSTM 网络中，从过去和未来的信息中，利用时间序列在向前和向后两个方向上同时对长时间依赖性特征进行建模。对于训练车速时间序列的局部域数据集 $\boldsymbol{I}_i$，相应的局部和时间相关性特征可以表示为如下形式：

$$\text{Conv}(\boldsymbol{I}_i) \rightarrow \boldsymbol{S}_i$$
$$\text{BiLSTM}(\boldsymbol{S}_i) \rightarrow \boldsymbol{T}_i \tag{4-7}$$
$$\text{Concat}(\boldsymbol{S}_i, \boldsymbol{T}_i) \rightarrow \boldsymbol{O}_i$$

式中，$\boldsymbol{S}_i$ 和 $\boldsymbol{T}_i$ 分别为用 CNN 模型 Conv 和 RNN 模型 BiLSTM 从每个局部域数据集 $\boldsymbol{I}_i$ 中提取的局部和时间相关性特征；Concat($\boldsymbol{S}_i$, $\boldsymbol{T}_i$) 为特征的融合；$\boldsymbol{O}_i$ 为 $\boldsymbol{S}_i$ 和 $\boldsymbol{T}_i$ 的融合表示。最后，使用一个全连接隐层将不同时间序列数据的所有局部和时间共享特征连接在一起，形成分量的预测结果。模型可以表示为：

$$\hat{\boldsymbol{v}}_A^X = F((\boldsymbol{O}_1, \boldsymbol{O}_2, \cdots, \boldsymbol{O}_n), W^i, b^i) \quad i = 1, 2, \cdots, n \tag{4-8}$$

式中，$\hat{\boldsymbol{v}}_A^X$ 表示各分量的预测结果，其中 $X = [T, S, R]$；W^i 和 b^i 为对应局部域的连接权值和偏差；i 为输入时间序列数据的局部域窗口。各层具体内容如下所述。

4.1.2.1　输入层

输入层中输入序列为目标车辆车速 $\boldsymbol{v}_A$ 与前方车辆的车速 $\boldsymbol{v}_B$、$\boldsymbol{v}_C$ 经过 STL 分

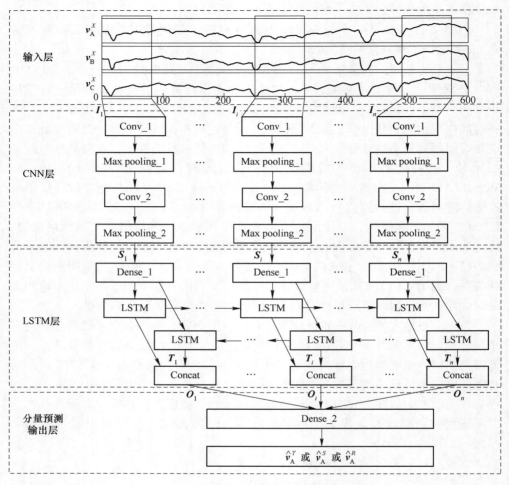

图 4-3　混合深度学习算法框架图

解的特征分量序列：趋势分量 $\boldsymbol{I}^T$，周期分量 $\boldsymbol{I}^S$，和余项分量 $\boldsymbol{I}^R$，如式（4-9）所示。

$$\boldsymbol{I}^X = \begin{bmatrix} v_{A\_1}^X, & v_{A\_2}^X, & \cdots, & v_{A\_t}^X \\ v_{B\_1}^X, & v_{B\_2}^X, & \cdots, & v_{B\_t}^X \\ v_{C\_1}^X, & v_{C\_2}^X, & \cdots, & v_{C\_t}^X \end{bmatrix}^{\mathrm{T}} \tag{4-9}$$

　　每个分量分别采用 CNN-LSTM 模型进行学习预测，得出各分量的预测结果。

　　各分量序列在进入网络之前，需要对数据进行预处理，即进行归一化处理，以消除各变量不同的量纲或数量级对模型预测的影响，同时可以提升模型的收敛速度和预测精度。在神经网络模型中，常见的归一化方法有 min-max 标准化、Zscore 标准化、函数转化等。本章采用 min-max 标准化方法，将输入数据映射到 [0，1] 区间内，转换公式如下：

$$v_i' = \frac{v_i - v_{\min}}{v_{\max} - v_{\min}} \tag{4-10}$$

4.1.2.2 CNN 层

深度 CNN 网络结构通常包含有多个相对复杂的层，而每层又由多个运算级构成：卷积级、探测级、池化级[113]，如图 4-4 所示。卷积层通过卷积计算提取输入数据的不同特征。在池化层，通过采用最大池化、平均池化等池化运算，进一步选择和过滤提取的特征。

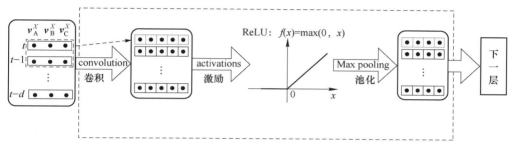

图 4-4 典型卷积神经网络层结构

卷积级主要是进行卷积运算，即对不同的窗口输入数据和多个卷积核（一组固定的权值）进行内积运算（先乘元素再求和），由此对输入数据进行特征提取。

$$\boldsymbol{C}(j,:) = \vec{\omega} \cdot \boldsymbol{I}^X(i,:) + \boldsymbol{b} \tag{4-11}$$

式中，$\boldsymbol{C}(j,:)$ 为卷积运算输出，即为对局部特征的提取，其中 $j = d - k + 1$，k 表示卷积核的宽度；$\boldsymbol{I}^X(i,:)$ 为网络输入，其中 $i = d + 1$；$\boldsymbol{b}$ 为偏差量；$\vec{\omega}$ 为核函数，也即权值参数，对每个特征 $[v_A^X, v_B^X, v_C^X]$ 共享相同的权值，这种共享的权值可以大大减少自由参数的数量，简化网络结构，提高运算效率。

探测级是利用非线性的激励函数来捕捉多变数输入局部特征的非线性关系。目前在深度学习中常见的激励函数是线性整流函数，即 ReLU 函数，如图 4-5 所示。ReLU 函数及其导数公式为：

$$\text{ReLU}(x) = \begin{cases} x & \text{if} \quad x \geqslant 0 \\ 0 & \text{if} \quad x < 0 \end{cases} \tag{4-12}$$

$$\frac{\text{dReLU}(x)}{\text{d}x} = \begin{cases} 1 & \text{if} \quad x \geqslant 0 \\ 0 & \text{if} \quad x < 0 \end{cases} \tag{4-13}$$

由此可以看出，当激励函数的输入 $x > 0$ 时，梯度恒为 1，因此避免了诸如 sigmoid 函数、tanh 函数等存在的梯度耗散问题，使得运算收敛快，计算量也小。

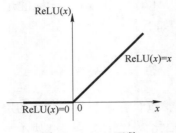

图 4-5　ReLU 函数

当 $x<0$ 时，该层的输出为 0，训练完成后为 0 的神经元越多，稀疏性越大，提取出来的特征就越具有代表性，泛化能力越强。

因此，在形式上经激励函数映射所表达的复杂特征可以表示为：

$$A(j,:) = \text{ReLU}(C(j,:)) \tag{4-14}$$

经过卷积提取特征以及非线性关系的捕捉后，输出的特征图被传递至池化级进行特征选择和信息过滤。本章选择最大池化函数进行运算，以提取最明显的特征，其形式可表示为：

$$S(j,:) = \max(A(j,:)) \tag{4-15}$$

4.1.2.3　双向 LSTM 层

LSTM 是 RNN 网络的一个变体，同样是一种以神经网络单元模块基本单元在时间序列演进的方向上按链式重复连接的网络。LSTM 单元模块如图 4-6 所示。

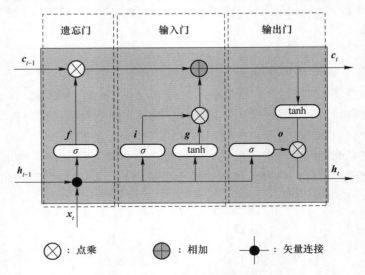

图 4-6　LSTM 单元模块结构图

图中 c_t 表示单元状态，沿着整个网络链条延伸，信息伴随着单元状态流动；

h_t 表示隐藏状态。与典型的 RNN 网络仅有一个 tanh 层不同，LSTM 网络增加了 3 个门层：遗忘门、输入门和输出门。通过 4 个相互作用的层可以有效解决梯度消失问题。典型的 LSTM 网络单元模块计算过程如下：

$$i_t = \sigma(W_i h_{t-1} + U_i x_t + b_i)$$
$$f_t = \sigma(W_f h_{t-1} + U_f x_t + b_f)$$
$$o_t = \sigma(W_o h_{t-1} + U_o x_t + b_o)$$
$$g_t = \tanh(W_g h_{t-1} + U_g x_t + b_g) \tag{4-16}$$
$$c_t = c_{t-1} \cdot f_t + g_t \cdot i_t$$
$$h_t = \tanh(c_t) \cdot o_t$$

式中，i_t、f_t 和 o_t 分别为输入门、遗忘门和输出门，它们采用相同的激活函数：sigmoid 函数，但是权值矩阵不同；W 和 U 为权值矩阵，分别对应于隐藏状态和输入状态；b 为偏置；g_t 为内部隐藏状态，即 tanh 层。

遗忘门 f_t 用来决定信息在单元状态中的记忆和遗忘。基于前一个隐藏状态 h_{t-1} 和当前输入状态 x_t，遗忘门为前一个单元状态 c_{t-1} 中的每个数值输出一个介于 0 和 1 之间的数字，1 表示"完全保留"，0 表示"完全丢弃"。

输入门 i 与 tanh 函数联合控制新信息在单元状态中的存储。内部隐藏状态 g_t 由输入为 h_{t-1} 和 x_t 的 tanh 函数给出，由此生成了新的信息。对 g_t 中的每个值，输入门相应的输出一个介于 0 和 1 之间的值，通过乘积运算，来决定哪些新信息将会存储于单元状态中。结合遗忘门的输出信息，单元状态由 c_{t-1} 更新为 c_t。

输出门 o_t 使用两个不同的激活函数 sigmoid 和 tanh，对单元状态 c_t 进行过滤，生成新的隐藏状态 h_t，传递到下一个时间步骤或者输出。

传统 LSTM 的主要缺点是只获取时间序列数据的先验信息。然而，未来的信息对时间序列预测同样具有价值。为此，本章采用双向 LSTM 网络，通过两个独立的隐层同时处理两个方向上的时间序列数据，并将这些数据连接起来并传递到输出层，即向输出层提供输入序列数据中每个值完整的历史与未来信息。预测结果会得到更高的精度。双向 LSTM 计算过程如下：

$$\overrightarrow{i_t} = \sigma(\overrightarrow{W_i}\overrightarrow{h_{t-1}} + \overrightarrow{U_i}x_t + \overrightarrow{b_i})$$
$$\overrightarrow{f_t} = \sigma(\overrightarrow{W_f}\overrightarrow{h_{t-1}} + \overrightarrow{U_f}x_t + \overrightarrow{b_f})$$
$$\overrightarrow{o_t} = \sigma(\overrightarrow{W_o}\overrightarrow{h_{t-1}} + \overrightarrow{U_o}x_t + \overrightarrow{b_o})$$
$$\overrightarrow{g_t} = \tanh(\overrightarrow{W_g}\overrightarrow{h_{t-1}} + \overrightarrow{U_g}x_t + \overrightarrow{b_g}) \tag{4-17}$$
$$\overrightarrow{c_t} = \overrightarrow{c_{t-1}} \cdot \overrightarrow{f_t} + \overrightarrow{g_t} \cdot \overrightarrow{i_t}$$
$$\overrightarrow{h_t} = \tanh(\overrightarrow{c_t}) \cdot \overrightarrow{o_t}$$

$$\overleftarrow{\boldsymbol{i}}_t = \sigma(\overleftarrow{\boldsymbol{W}}_i \boldsymbol{h}_{t+1} + \overleftarrow{\boldsymbol{U}}_i \boldsymbol{x}_t + \overleftarrow{\boldsymbol{b}}_i)$$

$$\overleftarrow{\boldsymbol{f}}_t = \sigma(\overleftarrow{\boldsymbol{W}}_f \boldsymbol{h}_{t+1} + \overleftarrow{\boldsymbol{U}}_f \boldsymbol{x}_t + \overleftarrow{\boldsymbol{b}}_f)$$

$$\overleftarrow{\boldsymbol{o}}_t = \sigma(\overleftarrow{\boldsymbol{W}}_o \boldsymbol{h}_{t+1} + \overleftarrow{\boldsymbol{U}}_o \boldsymbol{x}_t + \overleftarrow{\boldsymbol{b}}_o)$$

$$\overleftarrow{\boldsymbol{g}}_t = \tanh(\overleftarrow{\boldsymbol{W}}_g \boldsymbol{h}_{t+1} + \overleftarrow{\boldsymbol{U}}_g \boldsymbol{x}_t + \overleftarrow{\boldsymbol{b}}_g) \qquad (4\text{-}18)$$

$$\overleftarrow{\boldsymbol{c}}_t = \overleftarrow{\boldsymbol{c}}_{t+1} \cdot \overleftarrow{\boldsymbol{f}}_t + \overleftarrow{\boldsymbol{g}}_t \cdot \overleftarrow{\boldsymbol{i}}_t$$

$$\overleftarrow{\boldsymbol{h}}_t = \tanh(\overleftarrow{\boldsymbol{c}}_t) \cdot \overleftarrow{\boldsymbol{o}}_t$$

$$\boldsymbol{h}_t = \overrightarrow{\boldsymbol{h}}_t \cdot \overleftarrow{\boldsymbol{h}}_t \qquad (4\text{-}19)$$

上述等式表示 BiLSTM 的层函数，两个方向箭头分别表示前向和后向过程。式中，$\boldsymbol{h}_t$ 为 BiLSTM 的最终隐藏元素，它是正向输出 $\overrightarrow{\boldsymbol{h}}_t$ 和反向输出 $\overleftarrow{\boldsymbol{h}}_t$ 的级联向量。通过上述过程，BiLSTM 可以同时学习时间序列数据的过去和未来特征。

4.1.3　基于分量预测结果的融合预测

由 CNN-BiLSTM 预测模型所获得的各分量预测结果仅能从单一侧面反映原始时序数据的各种影响因素或潜在规律的发展趋势，不能全面描述车辆行驶工况的状态，因此需要对各分量预测结果进行有序融合，以实现对目标车辆未来工况的仿真和预测，形成最终的预测结果。

选择合适的融合方法非常重要。常用的融合预测方法有简单加成、拟合回归、机器学习等。Li 等[114] 与 Tang 等[115] 采用了机器学习方法（包括 ANN、LSSVR 模型）和简单加成方法，结果表明，对于结构复杂的原始数据，采用机器学习算法可以获得更高的预测精度。因此，本章采用多层感知器（Multi-Layer Perceprons，MLP）对各分量预测结果进行融合，其数学描述形式为：

$$[\hat{\boldsymbol{v}}_A(t+1), \cdots, \hat{\boldsymbol{v}}_A(t+p)] = f \begin{bmatrix} \hat{\boldsymbol{v}}_A^T(t), & \hat{\boldsymbol{v}}_A^T(t-1), & \cdots, & \hat{\boldsymbol{v}}_A^T(t-d) \\ \hat{\boldsymbol{v}}_A^S(t), & \hat{\boldsymbol{v}}_A^S(t-1), & \cdots, & \hat{\boldsymbol{v}}_A^S(t-d) \\ \hat{\boldsymbol{v}}_A^R(t), & \hat{\boldsymbol{v}}_A^R(t-1), & \cdots, & \hat{\boldsymbol{v}}_A^R(t-d) \end{bmatrix} \qquad (4\text{-}20)$$

式中，$f(\cdot)$ 为非线性映射函数；$\hat{\boldsymbol{v}}_A(t+1)$，$\cdots$，$\hat{\boldsymbol{v}}_A(t+p)$ 表示融合预测输出值，其中 p 为预测时域；$\hat{\boldsymbol{v}}_A^X(t)$，$\hat{\boldsymbol{v}}_A^X(t-1)$，$\cdots$，$\hat{\boldsymbol{v}}_A^X(t-d)$ 为各分量的历史数据，其中 $X = [T, S, R]$，d 为历史数据个数。网络结构如图 4-7 所示。

研究表明，三层结构的神经网络，即具有一个隐层，就可以表示任意的非线性关系，因此本章 MLP 采用了具有三层结构的神经网络。网络中的输入层和输出层神经元个数分别等于关系式（4-20）中自变量和因变量的个数，它们分别由历史数据个数和预测时域来确定。隐层神经元数目的确定是一个关键点，它不但影响网络的训练速度，同时对网络的性能也影响重大。隐单元数量过少时，网络的鲁

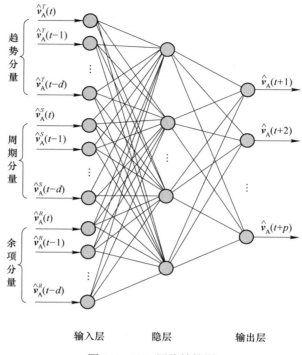

图 4-7　MLP 网络结构图

棒性差、学习容量有限，不能完整地掌握数据中的规律；数量过多时，导致网络规模增大，学习时间增加，也会导致容错性差，出现"过拟合"现象，降低网络的泛化能力。因此选择合适的隐单元数目至关重要。通常可以根据经验公式对隐单元数进行初选，如式（4-21）所示。同时，还应满足隐单元数应少于训练样本数。

$$N_{h} = \sqrt{N_{in} + N_{out}} + \kappa \tag{4-21}$$

式中，N_{h} 为隐单元数；N_{in} 为输入层神经元数；N_{out} 为输出层神经元数；κ 为 [1，10] 之间的常数。

4.2　基于 BP 神经网络的车速预测模型

为了验证分解-融合预测模型对车速预测的有效性和优越性，本节建立常规 BP 神经网络预测模型来与之作对比。

BP 神经网络（Back-Propagation Network），即反向传播网络，是 1986 年由 Rumelhart 和 McClelland 提出的一种按误差逆传播算法训练的多层前馈网络，是目前应用最广泛的神经网络模型之一。BP 算法的基本思想是，其学习过程由数据的正向传播与误差的反向传播两个过程组成。数据正向传播过程中，样本数据由输入层传入，经各隐层逐层处理，传递至输出层，每一层节点只接受前一层节点的输入，同层节点之间无连接；误差反向传播过程是利用输出后的误差来估计输出层的直接前导层的误差，再用这个误差估计更前一层的误差，如此一层一层地反向传播下去，来获得各层的误差估计，进而对网络各层的权值和阈值进行调整，最终使网络的误差达到最小。

基于 BP 神经网络，建立短时工况车速预测模型，如图 4-8 所示。网络的输入为包含目标车辆（V_A）以及前方车辆（V_B、V_C）的历史车速数据，输出为一定预测时域的车速预测值，其数学表现形式为：

$$[\hat{\boldsymbol{v}}_A(t+1),\ \cdots,\ \hat{\boldsymbol{v}}_A(t+p)] = f\begin{bmatrix} \boldsymbol{v}_A(t),\ \boldsymbol{v}_A(t-1),\ \cdots,\ \boldsymbol{v}_A(t-d) \\ \boldsymbol{v}_B(t),\ \boldsymbol{v}_B(t-1),\ \cdots,\ \boldsymbol{v}_B(t-d) \\ \boldsymbol{v}_C(t),\ \boldsymbol{v}_C(t-1),\ \cdots,\ \boldsymbol{v}_C(t-d) \end{bmatrix} \quad (4\text{-}22)$$

式中，$f(\cdot)$ 为非线性映射函数；$\hat{\boldsymbol{v}}_A(t+1),\ \cdots,\ \hat{\boldsymbol{v}}_A(t+p)$ 为车速预测值，其中 p 表示预测时域；$\boldsymbol{v}_X(t),\ \boldsymbol{v}_X(t-1),\ \cdots,\ \boldsymbol{v}_X(t-d)$ 为各车辆车速的历史数据，其中 $X=[A,\ B,\ C]$，d 为历史数据个数。

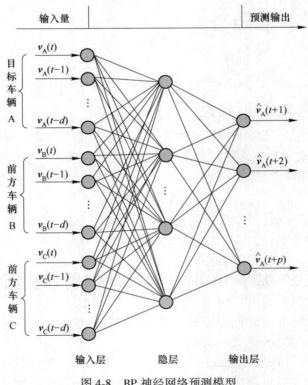

图 4-8　BP 神经网络预测模型

针对 BP 神经网络参数的选择，主要包含以下几个方面：

（1）网络结构设计。网络结构设计主要是确定神经网络的层数，以及各层神经元数。BP 神经网络属于多层感知器的一种，如前所述，具有单隐层结构的 BP 网络即可以映射所有连续函数，因此，该预测网络模型同样采用了三层结构，即包含输入层、隐层和输出层。输入层和输出层的神经元数由给定的关系式（4-22）即可确定；隐层神经元数按经验公式（4-23）选择。

（2）传递函数。传递函数是 BP 网络的重要组成部分，它必须是连续可微的。本模型选用 Tanh-Sigmoid 函数作为隐层的传递函数，它光滑、可微，并将输入从负无穷到正无穷的范围映射到（−1，1）区间内；另外选用线性函数 purelin 作为输出层的传递函数。

（3）学习函数。BP 网络的学习属于有监督学习，根据输出值与目标输出值之间的误差，通过学习函数逐层调整权值，使网络的输出误差最小，实现对非线性系统的逼近。

标准的 BP 神经网络沿着误差性能函数梯度的反方向修改权值，也就是采用最速下降法。然而它在实际应用中往往有收敛速度慢的缺点，为此出现了一些改进算法。其中 Levenberg-Marquardt 算法是一种可以用于求解非线性最小二乘问题的迭代算法，可以看成是最速下降法和高斯-牛顿法的结合，因此，它既具有最速下降法的全局优化的特性，同时因利用了近似的二阶导数信息，与最速下降法相比收敛速度更快。因此在 BP 神经网络预测模型中采用 Levenberg-Marquardt 算法作为学习函数。

4.3　预测结果与对比分析

为了验证提出的车速预测模型的有效性，本章设置了城市环境下 3 种不同的行驶工况，对目标车辆车速进行仿真预测。

在第 3 章中，基于 Wiedemann 跟驰模型，利用 VISSIM 交通仿真软件建立了城市环境下的交通模型。大量研究表明，该模型能够反映真实交通环境中的车辆行驶行为，能很好地模拟车辆之间的相互运动关系[116-117]。本章通过对道路、交通信号灯、车辆相关参数等进行设置，仿真了包括慢车道、快车道等 3 种不同的行驶工况，并获取了包含车辆运行状态信息和交通信息等在内的 8 个变量的仿真数据。预测模型的训练样本数据集是通过配置不同的车辆加速度和减速度以及不同的车速期望值，进行多次仿真实验获得仿真数据集组合而成，这样可以尽可能地包含多种车速特性，更真实地反映车辆在实际城市交通环境中的行驶状态。

4.3.1　分解-融合模型预测误差分析

由交通模型仿真采集的原始数据集包含了车速、加速度、跟驰距离、交通信息等共 8 个状态信息因素。利用皮尔逊相关系数法得了与目标车辆车速的相关变量，如图 4-9 所示。基于筛选出的相关变量数据集对预测模型进行验证分析。因此，车速预测模型的输入值和输出值如表 4-1 所示。在网络训练过程中，80% 的数据用作训练，20% 的数据用作验证测试。

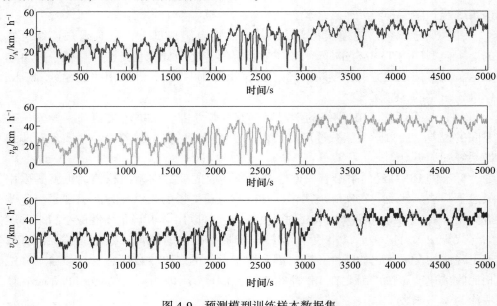

图 4-9　预测模型训练样本数据集

表 4-1　预测模型的输入值和输出值

输入量	输出量
$v_A(t)$, $v_A(t-1)$, $\cdots$, $v_A(t-d)$	
$v_B(t)$, $v_B(t-1)$, $\cdots$, $v_B(t-d)$	$v_A(t+1)$, $v_A(t+2)$, $\cdots$, $v_A(t+p)$
$v_C(t)$, $v_C(t-1)$, $\cdots$, $v_C(t-d)$	

注：d 为历史数据个数，p 为预测时域。

在预测准确性评价方面，目前常采用均方根误差（Root Mean Square Error，RMSE）作为评价指标：

$$\text{RMSE} = \sqrt{\frac{1}{n}\sum_{j}^{n}\left(\hat{v}_j - v_j\right)^2} \tag{4-23}$$

式中，$\hat{v}_j$ 为预测车速；v_j 为车速观测值；n 为采样点数。

4.3.1.1　历史数据数量对模型预测性能的影响

车辆状态信息及交通信息的历史数据中隐含了车辆行驶的规律性的内容，因此历史数据使用数量将会对车速预测产生影响。为了探明历史数据数量对模型预测的影响，本节分别采用了 5、10、15、20、25、30 个历史数据，针对 3 种工况不同的预测时域进行了预测，其预测误差如表 4-2 所示。

表 4-2　不同 d 和 p 对应的预测误差比较

工况	d	预测时域 p/s					
		5	10	15	20	25	30
工况 I	5	1.6618	3.5736	5.0748	5.5415	6.1291	6.7185
	10	1.6456	3.5718	4.0908	4.7878	5.4739	6.0715
	15	1.6275	2.7055	3.5787	4.5163	5.3347	5.7839
	20	1.6259	2.4275	3.4503	3.6631	4.3979	5.3414
	25	1.6600	2.5915	4.0365	4.6321	4.5435	5.0382
	30	1.6979	3.5784	5.0973	5.6181	5.1542	6.7488
工况 II	5	1.5181	3.2855	5.0550	5.5636	6.2332	7.3446
	10	1.4864	3.2486	4.9638	5.5663	6.1749	7.1867
	15	1.4522	3.2702	4.8849	5.3110	6.0425	6.9779
	20	1.4294	3.1680	4.9354	5.1646	5.7917	6.1468
	25	1.4192	3.2788	5.0092	5.3215	5.9561	6.1126
	30	1.6202	3.5140	5.1674	5.4272	5.8840	6.8971
工况 III	5	1.2833	2.0819	2.6949	2.9653	3.2150	3.7271
	10	1.2464	1.9823	2.5101	2.8892	3.1602	3.6348
	15	1.1835	1.9168	2.4272	2.7401	3.1303	3.5012
	20	1.1274	1.8890	2.3469	2.7195	3.0448	3.4569
	25	1.2120	1.9334	2.4922	2.9430	3.0653	3.5872
	30	1.2728	1.9291	2.3653	2.8740	3.0347	3.5591

图 4-10 直观展示了不同历史数据数量下模型的预测精度。从图中可以看出，随着历史数据数量的增加，预测误差呈减小的趋势；当历史数据数量达到 20 个左右时，预测误差达到最小；而后随着数量继续增大，预测误差呈增大趋势。从预测的结果可以看出，对于车辆的短期工况预测，过少的历史数据因包含的规律信息较少，导致预测误差偏大；而如果历史数据过多，会由于较早的历史值与未来预测值无关性增大，而导致预测模型受到干扰，致使其预测性能下降，同时也使得模型训练时间延长。因此，选择合适的历史数据数量，有利于提高模型的预测精度。由以上分析，d 选取 20 较为合理。

4.3.1.2　不同预测时域误差分析

混合动力汽车预测能量管理控制时域往往在几十秒的范围，因此本节研究了预测时域为 5 s、10 s、15 s、20 s、25 s、30 s 的短期工况预测。

从整体上来看，由表 4-2 以及图 4-10 可以看出，随着预测时域的增长，预测

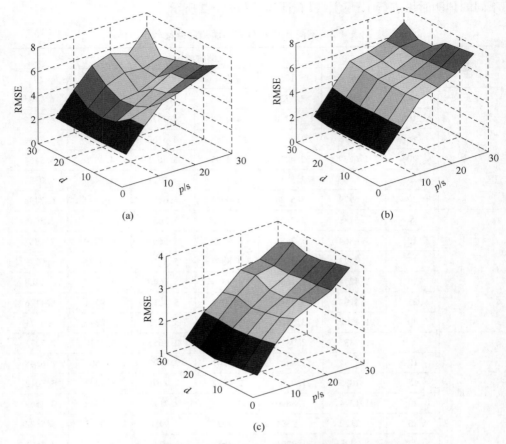

图 4-10　不同历史数据数量及不同预测时域下的预测精度

(a) 工况Ⅰ；(b) 工况Ⅱ；(c) 工况Ⅲ

(扫描书前二维码看彩图)

精度不断增大；同时，工况Ⅲ的预测精度明显大于其他两个工况，这是由于工况Ⅲ为城市快车道模型，途中无交通信号灯的干扰，汽车行驶更顺畅，车速变化幅度较小，交通状况也相对简单，因此有利于车速的预测，而工况Ⅰ和工况Ⅱ均为城市慢车道（辅路）模型，受交通信号灯影响，车速变化幅度大且频繁，不利于车速预测；相较于工况Ⅰ的单车道模型，工况Ⅱ为双车道，考虑了车辆的换道行为，交通状况更为复杂，这可能是导致工况Ⅱ的预测误差普遍高于工况Ⅰ的原因。

　　为了细致地观察预测车速与真实观测车速之间的误差，给出了 $d=20$ 时，3 种工况不同预测时域的预测结果，如图 4-11~图 4-13 所示。

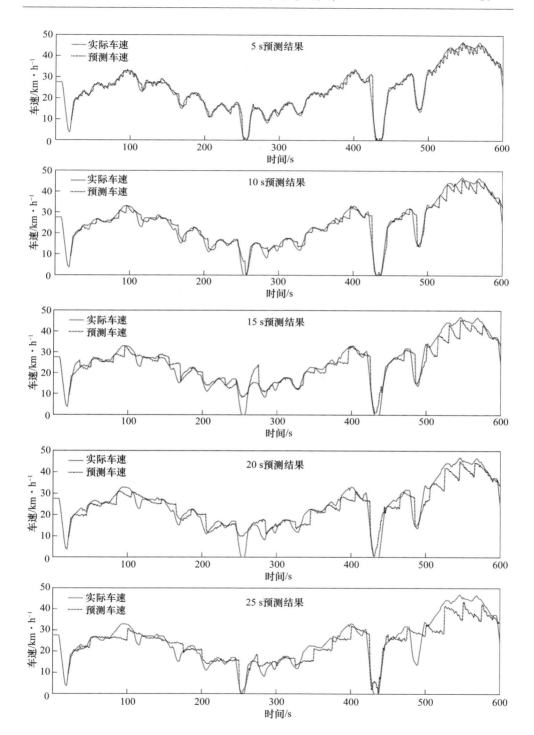

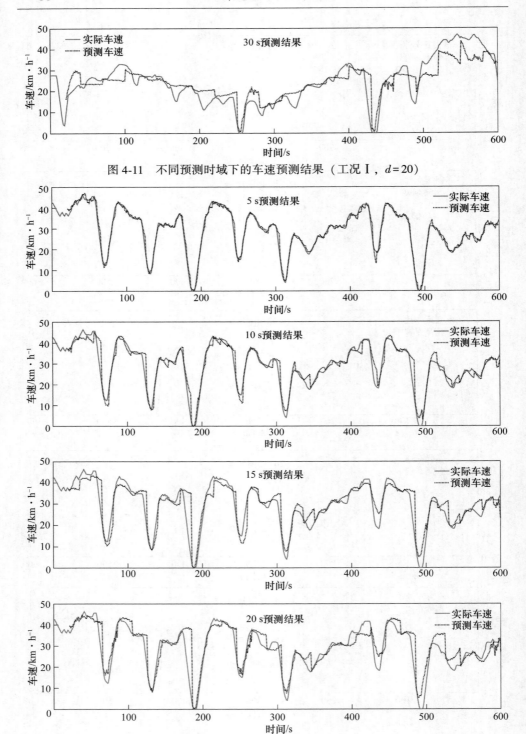

图 4-11　不同预测时域下的车速预测结果（工况Ⅰ，$d=20$）

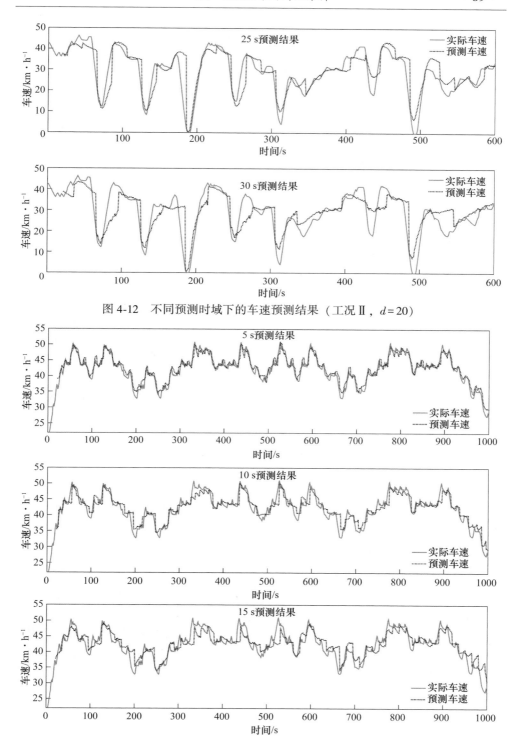

图 4-12 不同预测时域下的车速预测结果（工况Ⅱ，$d=20$）

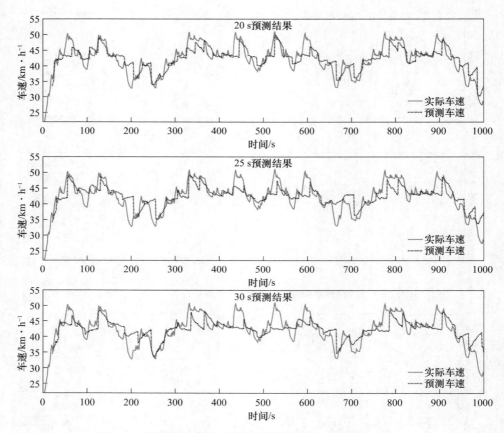

图 4-13　不同预测时域下的车速预测结果（工况Ⅲ，$d=20$）

从图 4-11～图 4-13 中可以看出，对于不同的行驶工况，预测车速基本上能够反映车辆的加速和减速等变化趋势，与实际车速保持了较好的一致性；但是，随着预测时域的增长，预测精确度下降，预测车速与实际车速之间的偏差开始逐渐明显增大。

4.3.1.3　输入变量对模型预测性能的影响

上述预测结果是基于对模型输入变量进行了相关性分析和筛选所获得的。为了验证输入变量对模型预测性能的影响，采用相同的模型，将包含目标变量在内的 8 个变量（记作：全变量）作为模型的输入变量，基于使用相同的历史数据数量（$d=20$），分别对 3 种工况进行预测。为比较预测性能，引入基于 RMSE 的模型改进率指数 IR，其公式为：

$$IR_{RMSE} = -\frac{RMSE_A - RMSE_B}{RMSE_B} \times 100\%$$　　　　（4-24）

式中，IR_{RMSE} 为方法 A 相对方法 B 在评价指标 RMSE 上的改进率。

图 4-14 为不同输入变量的预测误差对比结果。表 4-3 展示输入为相关变量的预测模型相较输入为全变量的模型在 RMSE 上的改进率。

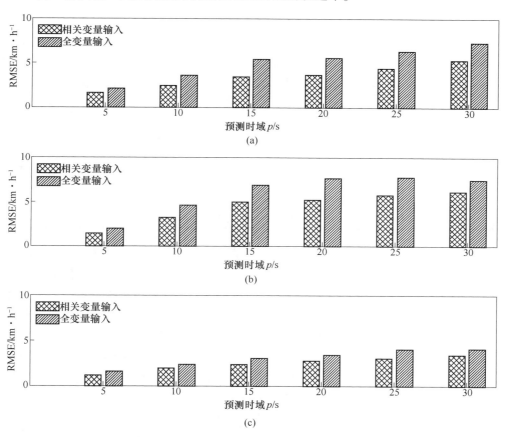

图 4-14 不同输入变量的预测误差对比

（a）工况 I；（b）工况 II；（c）工况 III

表 4-3 不同输入变量的预测误差比较

工况	预测时域 p/s	输入为相关变量	输入为全变量	改进率/%
工况 I	5	1.6259	2.0938	22.35
	10	2.4275	3.5720	32.04
	15	3.4503	5.4405	36.58
	20	3.6631	5.5817	34.37
	25	4.3979	6.3518	30.76
	30	5.3414	7.3240	27.07

工况	预测时域 p/s	输入为相关变量	输入为全变量	改进率/%
工况 Ⅱ	5	1.4294	1.9717	27.50
	10	3.1680	4.6265	31.52
	15	4.9354	6.8788	28.25
	20	5.1646	7.6732	32.69
	25	5.7917	7.7890	25.64
	30	6.1468	7.5078	18.13
工况 Ⅲ	5	1.1274	1.5628	27.86
	10	1.8890	2.3115	18.28
	15	2.3469	3.0023	21.83
	20	2.7195	3.3882	19.74
	25	3.0448	4.0364	24.57
	30	3.4569	4.1166	16.03

　　由此可以看出，输入变量经相关性分析及筛选后，模型的预测精度有了较大提高，均方根误差 RMSE 上的改进率在 16.03% ~ 36.58%，其原因是依据相关度从原始全变量中剔除了与预测目标不相关的因素，从而减少了噪声的引入，并降低了输入变量的维度，有利于预测模型的预测性能；同时，相对工况 Ⅲ，针对交通状况相对复杂的工况 Ⅰ 和工况 Ⅱ 的预测精度提升更为明显，改进率普遍在 25% 以上，由此可见，复杂的交通状态使得全变量中间包含了更多的干扰因素，致使在分解-融合预测模型中对数据特征的规律性更难把握，从而影响了各特征分量的分预测结果以及最终预测结果的准确性。

　　综上分析，在不同车辆行驶工况下，通过对输入变量进行相关性分析及筛选，分解-融合预测模型能够从不同的数据特征中提取隐藏于数据内部的影响因素与潜在规律，可以获得良好的预测性能表现，能有效实现车辆车速的预测。

4.3.2　预测模型对比分析

　　为了验证分解-融合预测模型预测性能的优越性，本节将其与 BP 神经网络预测模型进行比较验证。基于 4.3 节中所建立的 BP 神经网络预测模型，基于使用相同的历史数据数量（$d = 20$），分别对 3 种工况进行车速预测。图 4-15 为两种预测模型在不同预测时域下的预测误差对比。表 4-4 罗列了两种预测模型的均方根误差值，以及分解-融合预测模型相对 BP 神经网络预测模型在 RMSE 上的改进率。

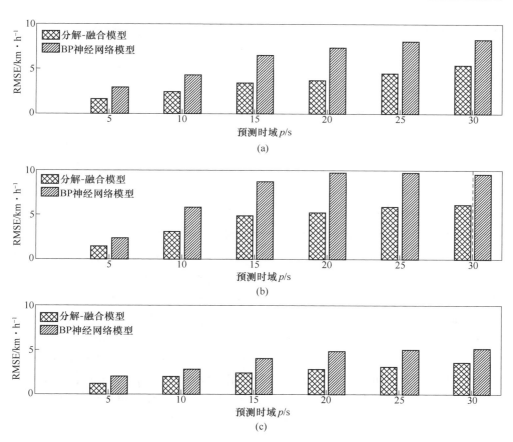

图 4-15 两种预测模型的预测误差对比

（a）工况Ⅰ；（b）工况Ⅱ；（c）工况Ⅲ

表 4-4 两种预测模型的预测误差比较

工况	预测时域 p/s	分解-融合模型	BP 神经网络模型	改进率/%
工况Ⅰ	5	1.6259	2.8524	43.00
	10	2.4275	4.2524	42.91
	15	3.4503	6.3181	45.39
	20	3.6631	7.2043	49.15
	25	4.3979	7.9320	44.55
	30	5.3414	8.0972	34.03
工况Ⅱ	5	1.4294	2.2153	35.48
	10	3.1680	5.8543	45.89
	15	4.9354	8.6763	43.12

续表 4-4

工况	预测时域 p/s	分解-融合模型	BP 神经网络模型	改进率/%
工况Ⅱ	20	5.1646	9.4341	45.26
	25	5.7917	9.6337	39.88
	30	6.1468	9.5633	35.73
工况Ⅲ	5	1.1274	1.8740	39.84
	10	1.8890	2.7281	30.76
	15	2.3469	3.9265	40.23
	20	2.7195	4.7237	42.43
	25	3.0448	4.9866	38.94
	30	3.4569	5.0976	32.19

从图 4-15 中可以看出，3 种工况下，分解-融合模型的预测误差明显小于 BP 神经网络模型的预测误差，其在 RMSE 上的改进率达到 30.76%~49.15%。这是因为分解-融合模型是基于对数据特征的分析及预测，从周期性、趋势性等不同特征层面上提取隐藏的信息和规律，最后对其整合形成整体的预测；而 BP 神经网络模型是从整体上对复杂系统中的隐藏规律进行挖掘，其困难程度显然更大，更易受一些不确定因素的影响，导致模型的预测性能下降。以工况Ⅰ及预测时域为 10 s 为例，分析两种模型的预测结果，如图 4-16 所示。图 4-16 中的放大图 A 可以看出，BP 神经网络模型的预测结果变化幅度更大，波动更频繁，相比之下，分解-融合模型的预测结果更为平滑，这是该预测模型的又一特点。

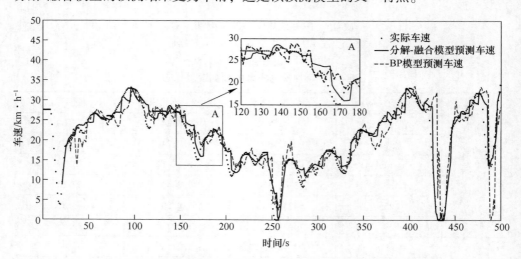

图 4-16　两种预测模型的预测对比（工况Ⅰ，$d=20$，$p=10$ s）

结果表明，与常规的 BP 神经网络预测模型相比，基于分解-融合思想，以数据特征为驱动的预测模型可以拥有更好的预测性能，是一种更为有效的车速预测方法。

4.4 本章小结

（1）系统论述了分解-融合预测模型的基本原理和方法流程。基于"先分解后融合"的思想，采用 STL 分解法对输入变量进行了特征分解，从趋势性、周期性等不同特征层面深度挖掘数据中所包含的隐藏信息和规律，最后对各特征分量的预测结果进行智能融合，形成了目标车辆的车速预测。与此同时，建立了常规 BP 神经网络预测模型，作为验证对比模型。

（2）对比了预测模型的输入变量筛选与否对预测精度的影响。预测结果证明，对变量进行分析筛选，可以挑选出对预测模型更有效的输入变量，从而减少噪声的引入，同时降低原始数据的维度，有利于提高模型预测精度。

（3）为了检验分解-融合预测模型的泛化能力以及预测性能的优越性，分别对 3 种交通复杂程度不同的城市工况进行了预测，并与 BP 神经网络模型进行对比。仿真结果表明，在不同工况下，分解-融合模型都能取得良好的预测性能，相较于常规神经网络模型，预测精确度可提升 30.76% ~ 49.15%，尤其对复杂的交通环境，更能体现出其以数据特征为驱动进行预测的优势。

5　基于车速预测的能量管理策略

能量管理系统是混合动力汽车的核心，其控制策略的设计与行驶工况密切相关。混合动力车辆的能量管理是指设计高水平的控制算法以决定产生合适的功率以及在不同动力源之间的功率分流，协调各动力源以满足车辆的性能目标，如提高燃油经济性、减少污染物排放、提高车辆动力学和稳定性，以及延长动力源使用寿命等，其中提高燃油经济性和减少排放作为主要目标，是混合动力车辆发展的原始动力。研究表明，相比传统燃油车辆，混合动力车辆可使燃油经济性提升10%（轻混）~30%（强混）以上。为了达到这一目标，需要制定优化的能量管理策略。

并联混合动力车辆的能量管理策略，以不同动力源之间的功率分配为控制手段，通过针对分配比（即控制变量）的算法设计，实现控制目标。由于单轴并联式混合动力系统的结构特点，混合驱动时发动机与电机转速一致，对两者功率的分配等效于对转矩的分配。因此本章所研究的能量管理策略，是以提高燃油经济性为目的，在满足驾驶员功率需求的前提下，对发动机和电机进行实时功率/转矩分配。

等效消耗最小化策略（Equivalent Consumption Minimization Strategy，ECMS）作为一种可用于实时控制的瞬时优化算法，无须预知整个工况，具有较大的应用潜力。等效因子是 ECMS 的核心概念，它与工况密切相关。自适应 ECMS 即是根据工况变化来调节等效因子，以提高控制策略的工况适应性和鲁棒性。其基本思想大致有两种：（1）对行驶工况进行辨识分类，等效因子根据工况类别的不同进行调整；（2）实时监测工况变化和电池 SOC 反馈，对等效因子进行自适应调整。前者一定程度上可以实现控制策略的工况适应性，但是优化控制效果较差；后者多是使用历史工况数据对等下因子进行调整，不能很好地适应未来工况，而且调整算法中设有常数修正系数，该系数对工况敏感性较强。这些缺点都影响了自适应 ECMS 的优化性能。因此，结合未来工况预测，估计并调节等效因子以提高 ECMS 的优化性能和工况自适应能力是 ECMS 进一步发展的关键。

5.1　不同方式的 ECMS 能量管理控制策略

在混合动力汽车中，等效消耗最小化策略的实质是将动力电池的功率转换为相等的燃油消耗，然后优化动力电池的等效燃油消耗，使混合动力汽车的燃油消耗最小。等效因子的准确性直接决定着 ECMS 策略的有效性。因此，是否能够快速准确地决策出等效因子对于 ECMS 是一个挑战。根据其决策过程的特点和所依赖的信息来源进行区分，等效消耗最小化策略可以分为传统 ECMS、预测 ECMS 和自适应 ECMS。

（1）传统 ECMS。传统 ECMS 通常基于当前车辆状态和环境条件如车速、加速度、电池荷电状态等来决定发动机和电机的工作模式，它并不依赖于未来的路况或行驶条件预测，不需要复杂的预测算法或大量的历史数据来做出决策，基本上，等效因子可以通过评估车速和相应的能耗来估计。因此，传统 ECMS 往往设计简单，并具有较快的响应速度、较好的鲁棒性和可靠性。吉林大学 Lv Hengxu 等[118] 提出了利用 ECMS 瞬时优化方法制定能量管理控制策略。基于 ECMS 的瞬时优化方法，建立了动力电池组充放电工况下的等效燃油消耗率模型。结果表明，采用 ECMS 控制策略可使发动机工作点接近高效区，提高发动机平均热效率，提高整车燃油经济性。河南科技大学陶发展等[119] 基于小波变换和等效消耗最小化策略（ECMS）对车辆需求功率进行优化，提高了燃料电池的使用寿命、燃油经济性和电动汽车的动力性能。

由于传统 ECMS 无法利用未来的行驶信息进行决策，这意味着它可能无法选择最优的能量管理策略，也可能因此会错过一些节能机会。如果驾驶状态突然改变，传统 ECMS 可能无法快速适应并调整策略。因此，它在优化能源利用方面的效果可能会受到限制。

（2）预测 ECMS。预测 ECMS 高度依赖于对未来路况和行驶条件的准确预测。它能够根据车辆当前状态、历史数据以及未来行驶情况进行决策，从而克服了传统 ECMS 只考虑当前驾驶条件的局限性。这使得它能更准确地预测车辆的能耗需求，并做出相应的调整。预测 ECMS 能够适应不同的驾驶风格和路况变化，因此在不同的驾驶环境下都能保持较高的能源效率。吉林大学郭建华等[120] 提出了一种 4WD 插电式混合动力汽车的分层能量管理策略（Hierarchical-Energy Management Strategy，H-EMS），以实现能量管理的优化。与基于规则（Rule Based，RB）的能源管理策略相比，经济性提高了 11.87%。

总的来说，预测 ECMS 具有更强的适应性和更精确的能源管理能力，但也面临着一些困难，比如为了获得准确的预测结果，预测 ECMS 通常需要复杂的算法和模型，优化这些算法和模型是一个持续性的挑战。预测 ECMS 需要处理大量的历史数据和未来预测信息，这使得它的设计和实现都比传统 ECMS 更复杂。

（3）自适应 ECMS。自适应 ECMS 策略会考虑更多的因素，包括历史数据、实时传感器数据和车辆状态，以及对未来路况和行驶条件的预测。通过收集和分析驾驶员的行为数据，自适应 ECMS 可以针对每个驾驶员的偏好和习惯进行优化，提供个性化的驾驶体验。

北京理工大学刘辉等[121]针对四驱插电式混合动力汽车，提出了一种自适应等效能耗最小化策略和基于动态控制分配的最优功率管理策略。基于路径信息的自适应 ECMS 能够更加明显地提升能量利用效率，因为路径信息已知可以降低数据处理的复杂性，提升数据处理的效率，从而达到提升能量利用效率的作用。吉林大学刘康杰等[122]针对并联插电式混合动力汽车在不同工况下的油耗差异较大的特点，提出了一种基于路径信息的自适应最优控制策略。比较了控制策略与基于规则的控制策略的性能。结果表明，所提出的控制策略能显著提高并联插电式混合动力汽车在不同工况下的燃油经济性。由此可知，可以将路况信息通过网络或其他通信手段进行传输，通过对路况信息的提前处理，可以提升 ECMS 的质量和准确性。

相比于传统的规则或经验驱动的策略，自适应 ECMS 可以更好地适应不同的驾驶条件和路况，提供更灵活的决策。但是自适应 ECMS 也面临着一些挑战，由于自适应 ECMS 需要处理大量的数据并进行复杂的计算，因此对硬件和软件的要求较高。并且自适应 ECMS 的效果取决于所使用的数据的质量和准确性。如果数据收集或分析出现问题，可能会影响其性能。因此在未来的研究中可以加强自适应 ECMS 的数据处理和分析的能力。表 5-1 归纳概述了传统 ECMS、预测 ECMS 和自适应 ECMS 的特点。

表 5-1　不同方式的 ECMS 策略的特点

不同方式的 ECMS	主要的优点	存在的不足
传统 ECMS	设计简单、响应速度快、可靠性好	优化程度低、适应性差、无法预测未来情况
预测 ECMS	决策全面、节能效果、适应性显著	复杂度高、算法优化难、依赖数据质量
自适应 ECMS	能量利用率高、灵活性好、个性化程度高	数据处理复杂、数据依赖性高、存在隐私问题

在许多能量管理策略中，等效消耗最小化策略（ECMS）作为最有前途的解决方案之一，可以作为实时的解决方案使用[123]。然而这种策略也存在一些缺陷，如等效因子的设定问题，由于 ECMS 的核心是通过等效因子将电能消耗等效为燃油消耗，然后选择综合油耗最低的工作点。等效因子的设定是一个关键问题，因为它直接影响到燃油经济性的表现。对于燃料电池混合动力汽车来说，还没有一个统一的制定等效因子的方法。并且 ECMS 还存在实时计算的复杂性、缺乏全局优化以及对于工况变化的敏感性等缺陷。因此，许多研究者开始尝试去改进现有的 ECMS 策略以使其能够满足人们的需求。

5.2　ECMS 的改进方法

ECMS 的主要目标是优化能源利用效率，在这个过程中，车辆需要根据实时的驾驶条件和预测的行驶情况来平衡氢气消耗、电池充电和放电以及其他因素。等效因子是 ECMS 的核心概念，它本质上反映了燃料电池氢气消耗与动力电池电能消耗的相互转化的程度。由于等效因子与工况密切相关，且工况是不断变化的，相同的等效因子对不同的工况并不适用。随着驾驶条件或者环境的变化，该策略可能无法快速适应，质量和准确性会受到影响。目前，研究人员考虑了 ECMS 的改进策略，包括考虑环境和驾驶风格、电池热管理（Thermal Management System，TMS）以及电池老化等因素。

（1）基于环境感知识别的 ECMS。环境感知的主要任务是使每辆车能够量化当前的交通状态，以层次结构的形式表示。通过感知的交通等级指导车辆能源管理的控制。车辆环境状态的感知主要是基于车辆的状态，即用于预测车辆的未来驾驶状况。通过引入未来驾驶工况类别，调整等效因子，提高驾驶工况的适应性和经济性来优化系统的管理。吉林大学 Pu Shilin 等[124] 提出了一种基于环境感知的能源管理控制架构，将环境感知识别的工况类别与 ECMS 相结合，提高插电式混合动力汽车的环境适应性，充分发挥其节能潜力。整体控制分为离线优化和在线测试。线下过程包括基于图卷积网络（Graph Convolational Network，GCN）和注意机制的环境感知训练和不同环境等级下等效因子的优化。在线测试中，由环境感知识别的环境等级完成等效因子的查表，并根据优化后的等效因子完成能量管理控制。利用 MATLAB/Simulink 对仿真结果进行了比较，与传统 ECMS 经济模型相比，改进幅度为 7.25%。

（2）基于功率比的 ECMS。针对仅基于 SOC 反馈修正等效因子的不足，研究人员引入相邻时段平均功率作为 ECMS 等效因子前馈调节变量，通过研究相邻时段平均功率、前一时段电池充放电行为，以及不同电池 SOC 实时值和参考值等因素对等效因子修正机制的影响，提出基于多模糊控制器切换的 ECMS 等效因子自适应求解方法，根据电池 SOC 和前一时段车辆平均功率制定各模糊控制器的切换逻辑，以当前时段与前一时段的平均功率比、前一时段电池 SOC 变化量为各模糊控制器输入，基于标准循环工况的全局优化结果确定模糊控制参数，得到了良好的控制效果。江苏大学施德华等[125] 针对基于优选固定等效因子的等效燃油消耗最小策略（ECMS）工况适应性差的问题，提出一种基于功率比的自适应ECMS（PR-AECMS）。基于不同标准循环工况的仿真结果表明，相较于无功率比修正的 AECMS，所提出的 PR-AECMS 使整车在大范围工况下具有更优越的等效燃油经济性和电池充放电平衡特性，有效提高了 ECMS 策略的工况适应性。

（3）基于热特性的 ECMS。基于热特性的 ECMS 通过建立车辆工作过程仿真模型，评估高低温环境下热管理系统（TMS）对车辆运行能耗的影响。然后，在等效油耗最小化策略（ECMS）的基础上，考虑 TMS 对能耗的影响，建立考虑热特性的自适应等效油耗最小策略模型，提出改进的考虑系统热特性的自适应等效因子调整方法。通过建立哈密顿函数等方法来实现最小等效油耗目标，考虑温度惩罚，合理分配发动机功率和电池功率来达到降低油耗的目的。吉林大学宋大凤等[126] 建立了考虑热特性的自适应等效油耗最小策略模型（TAECMS），提出了一种改进的考虑系统热特性的自适应等效因子调整方法。通过仿真验证和对比，TAECMS 控制策略在高温和低温环境下分别实现了 6.2% 和 8.4% 的节油效果。

（4）基于双自适应性的 ECMS。基于双自适应性的 ECMS 通过引入未来驾驶工况类别，调整等效因子，提高驾驶工况的适应性和经济性，优化多能系统的管理，释放了混合动力汽车的节能潜力。郭建华等[120] 针对 4WD 插电式混合动力汽车复杂多能量系统，提出了一种新的双自适应等效能耗最小化策略（DA-ECMS）。仿真结果表明，与基于规则的策略相比，DA-ECMS 的经济性提高了 13.31%。

（5）考虑电池老化的 ECMS。最小化燃料消耗往往会导致电池过度损坏，将动力电池和燃料电池的老化考虑在内可以更准确地预测它们的性能衰减情况。车辆就可以根据电池和电机的实际状态调整其控制策略，从而实现最佳的燃油经济性，并且由于电池和电机的老化是不可避免的，因此，对它们的老化进行管理和控制，可以有效地延长设备的使用寿命，降低维修和更换成本。随着新能源汽车的普及，动力电池和燃料电池的老化问题对于能量控制策略的影响将变得越来越重要。因此，考虑电池老化的问题，将有助于提升能量管理策略的准确性。密歇根理工大学周彬等[127] 提出了一种新的最优控制问题，其成本函数同时包含了燃料消耗和电池老化的项。韩国釜山大学 Kwon Laeun 等[128] 所提出的控制器在燃料电池和电池之间分配发电，同时也考虑最小化系统退化和燃料使用。ECMS（具有适当的等效因子）也被证明可以最小化包含电池老化的成本函数。仿真结果表明，与普通 ECMS 相比，提出的老化 ECMS 算法显著改善了电池老化，且几乎没有燃油经济性损失，该控制器在等效消耗最小化策略的框架下考虑了退化成本和燃料成本。

（6）基于驾驶风格识别的 ECMS。通过识别驾驶员的风格和行驶状态，可以更准确地预测车辆的能量需求。这样，车辆就可以根据实际需求调整电池和燃料电池的使用，从而实现最佳的燃油经济性。还可以基于驾驶风格的识别，为驾驶员提供个性化的服务。例如，对于那些注重能量管理的驾驶员，可以提供更多关于如何优化驾驶习惯的建议，帮助他们进一步降低能量消耗。重庆大学 Gong Changchao 等[129] 建立了一种基于驾驶风格识别与优化等效能最小化策略相结合的真车能量管理策略。引入包含驾驶工况类型影响因素的驾驶工况识别系数，并将该系数与遗传优化 K-means 驾驶工况识别算法相结合，得到驾驶工况识别算法。仿真结果表明，在随机驾驶条件下，将所提出的能量管理策略与传统的等效消耗最小化策略进行比较，使电池荷电状态变化更加平稳并保持在合理范围内，燃油消耗率降低了 8.49%。

（7）基于动态规划的 ECMS。通过动态规划的全局优化，可以找到最优的能量分配方案，使得车辆在行驶过程中能够更加经济地利用燃料电池，从而降低损耗。动态规划算法可以根据实时的行驶工况进行调整，因此具有很强的适应性。这意味着车辆能够在不同的路况和驾驶条件下保持最佳的能量利用率，并且还可以达到节省成本，提升环保效益的目的。同济大学耿文冉等[130] 提出了一种将动态规划和等效能耗最小化策略（DP + ECMS）相结合的级联能源管理策略。结果表明，在新的欧洲驾驶循环中，与基于规则的策略相比，DP+ECMS 可将燃油经济性提高 19.9%。克莱姆森大学 Piyush Girade 等[131] 提出了有限地平线策略的成本优化和等效消耗最小化策略（A-ECMS）的自适应版本。结果显示，与基线策略相比，平均燃油经济性提高了 5%。

本章以实时优化控制算法为研究重点，在 ECMS 基础上，研究等效因子的调整机理，设计改进的等效因子调整算法，提出基于短期车速预测的能量管理策略。

5.3 混合动力系统后向数学模型

混合动力系统后向数学模型以车辆预测车速为输入，根据车辆动力学方程得到车轮需求转矩，并经传动系模型反推得到动力系统的需求转矩，以燃油经济性为优化目标，设计发动机与电机的转矩分配算法。

根据预测的车速及相对应的加速度，可计算出车辆需求驱动力$F_{t,\text{dem}}$：

$$F_{t,\text{dem}} = mgf\cos\theta + mg\sin\theta + \frac{C_{\text{D}}Av_{\text{a}}^2}{21.15} + 3.6\delta m\,\frac{\text{d}v_{\text{a}}}{\text{d}t} \tag{5-1}$$

驱动车轮所需求的转矩T_{wh}，以及转速n_{wh}分别为：

$$T_{\text{wh}} = F_{t,\text{dem}} \cdot r_{\text{wh}} \tag{5-2}$$

$$n_{\text{wh}} = \frac{v_{\text{a}}}{0.377r_{\text{wh}}} \tag{5-3}$$

反向映射至传动系输入端的转矩和转速分别为：

$$T_{t,\text{in}} = \frac{T_{\text{wh}}}{i_0 i_{\text{g}}(G_{\text{num}})\eta_0\eta_{\text{g}}} \tag{5-4}$$

$$n_{t,\text{in}} = n_{\text{wh}}i_0 i_{\text{g}} \tag{5-5}$$

如前面 2.4 节所述，对本节所采用的单轴并联混合系统，在混合驱动时，发动机转速n_{ic}与电机转速n_{em}一致，发动机转矩T_{ic}与电机转矩T_{em}通过离合器在传动系输入端进行耦合生成输入转矩，即有如下关系：

$$T_{t,\text{in}} = T_{\text{e}} + T_{\text{m}} \tag{5-6}$$

$$n_{t,\text{in}} = n_{\text{ic}} = n_{\text{em}} \tag{5-7}$$

能量管理算法旨在确定发动机与电机的功率/转矩分配比，设 t 时刻控制变量 $u(t)$ 设定为：

$$u(t) = \frac{P_{\text{em}}(t)}{P_{t,\text{in}}(t)} = \frac{T_{\text{em}}(t)}{T_{t,\text{in}}(t)} \tag{5-8}$$

式中，$P_{t,\text{in}}(t)$ 为传动系输入端输入功率，kW。

由此通过式（5-6）~ 式（5-8）即可根据需求转矩和转速来确定发动机和电机的运行状态；同时，依据发动机的转矩和转发，由查表函数（式（2-7））可求得 t 时刻发动机的燃油消耗率 $\dot{m}_{\text{f}}$。

5.4 能量管理问题

无论混合动力拓扑结构如何，其能量管理控制策略都旨在对各动力源的功率流进行即时管理，并针对不同的行驶工况和驾驶习惯，在保证整车动力性的前提下，实现总体控制目标，如最小化燃油消耗等。一般来说，混合动力汽车的能量管理问题可以转化为一个有限时间范围内的优化问题，通过利用最优控制理论方法，找到一个给定系统的控制律，使其具有达到最优性准则。

（1）性能指标。能量管理的控制目标在本质上一般是积分型的，如燃油消耗、尾气排放等是一定行驶时间的累积量。最优能量管理问题即为在时长为 t_{f} 的驾驶任务中寻找控制量 $u(t)$，以使控制目标达到最优性能，因此性能指标函数 J 可表达为：

$$J(x(t), u(t), t) = \int_{t_0}^{t_f} L(x(t), u(t), t)\,\mathrm{d}t \tag{5-9}$$

式中，$x(t)$ 为状态变量，$t \in [t_0, t_f]$；$L(\cdot)$ 为瞬时成本函数。

（2）约束条件。由于发动机、电机等执行机构的物理限制以及维持电池 SOC 在规定范围内的要求，使得最优能量管理问题成为一个受约束的有限时间最优控制问题，其目标函数（式（5-9））在一组状态和控制变量的约束下最小化。混合动力汽车能量管理优化问题中的约束条件，有些是全局性的，如 SOC 终值；有些是局部性的，如转矩、转速限制等。

1）全局约束。对于非插电式混合动力汽车，电池组存储的电能主要由发动机为其充电或者回收再生制动能量获得，因此在一段驾驶任务结束时需要使电池能量达到初始状态的水平，即维持电池 SOC 的平衡：

$$q(t_f) = q(t_0) \tag{5-10}$$

该全局约束的另一个重要意义在于，确保电池能量不变的前提下，衡量车辆的燃油消耗水平。

2）局部约束。局部约束通常施加于状态和控制变量：电池充电/放电状态保持在一定功率范围，以使电池高效工作并延长其使用寿命；发动机和电机受物理操作限制，其转矩和转速都限定在一定范围。因此局部约束有：

$$q_{min} \leqslant q(t) \leqslant q_{max}$$

$$P_{b,min} \leqslant P_b(t) \leqslant P_{b,max}$$

$$n_{ic,min} \leqslant n_{ic}(t) \leqslant n_{ic,max}$$

$$0 \leqslant T_{ic}(t) \leqslant T_{ic,max}(n_{ic}(t))$$

$$0 \leqslant n_{em}(t) \leqslant n_{em,max}$$

$$T_{em,min}(n_{em}(t)) \leqslant T_{em}(t) \leqslant T_{em,max}(n_{em}(t))$$

$$T_{dem}(t) = T_{ic}(t) + T_{em}(t) \tag{5-11}$$

式中，$(\cdot)_{max}$ 和 $(\cdot)_{min}$ 分别为对应变量的最小值和最大值；$T_{ic,max}(n_{ic}(t))$ 和 $T_{em,max}(n_{em}(t))$ 分别为发动机和电机在相应转速下的转矩值。

5.5 等效消耗最小化原理分析

等效消耗最小化策略（ECMS）是一种瞬时优化控制策略，它最早由 Paganelli 提出[132]。其基本思想是建立发动机的油耗与动力电池电量的消耗/存储之间的联系，将等效油耗定义为发动机的油耗与电池耗电量折算的油耗之和，然后对每个瞬时的等效油耗求最小值。ECMS 是基于成本函数的工程解释，而其数学解析是基于庞特里亚金最小值原理（PMP），本质上是含状态和控制约束的最优控制问题。

最小值原理是由苏联学者庞特里亚金于 20 世纪 50 年代提出的，由于放宽了约束条件使得许多古典变分法无法解决的工程技术问题得到了解决，成为现代控制理论中解决最优控制问题的最有效方法[13]。

5.5.1 庞特里亚金最小值原理

设研究的时变受控系统的状态方程为：

$$\dot{x}(t) = f(x(t), u(t), t) \tag{5-12}$$

式中，$f(\cdot)$ 为 n 维连续可微函数；x 为状态变量；u 为控制变量；$t \in [t_0, t_f]$ 为时间变量。

控制变量 $u(t)$ 通常被限定在某一闭集 U 内，满足不等式约束条件：

$$u(t) \in U = \{u | g(x, u, t) \geqslant 0\} \tag{5-13}$$

其性能泛函为：

$$J = \phi(x(t_f), t_f) + \int_{t_0}^{t_f} L(x(t), u(t), t) dt \tag{5-14}$$

式中，$L(\cdot)$ 为成本函数；$\phi(\cdot)$ 为惩罚函数；t_f 为待求的终端时间。$L(\cdot)$ 和 $\phi(\cdot)$ 都是连续可微函数。

最优控制问题即是要寻找最优容许控制轨迹 $u^*(t)$，使 J 取极小值。

利用变分法，构造增广性能泛函：

$$J' = \phi(x(t_f), t_f) + \int_{t_0}^{t_f} (L(x(t), u(t), t) + \boldsymbol{\lambda}^{\mathrm{T}}(t)(f(x(t), u(t), t) - \dot{x}(t)))\mathrm{d}t$$

$$(5\text{-}15)$$

式中，$\boldsymbol{\lambda}^{\mathrm{T}}(t)$ 是 n 维协变量。

定义哈密尔顿函数：

$$H(x, u, \lambda, t) = L(x, u, t) + \boldsymbol{\lambda}^{\mathrm{T}}f(x, u, t) \qquad (5\text{-}16)$$

于是有：

$$J' = \phi(x(t_f), t_f) + \int_{t_0}^{t_f} (H(x(t), u(t), \lambda(t), t) - \boldsymbol{\lambda}^{\mathrm{T}}(t)\dot{x}(t))\mathrm{d}t$$

$$(5\text{-}17)$$

对上式作分部积分可得：

$$J' = \phi(x(t_f), t_f) - \boldsymbol{\lambda}^{\mathrm{T}}(t)x(t)\Big|_{t_0}^{t_f} + \int_{t_0}^{t_f} (H(x(t), u(t), \lambda(t), t) +$$

$$\dot{\boldsymbol{\lambda}}^{\mathrm{T}}(t)x(t))\mathrm{d}t \qquad (5\text{-}18)$$

考虑 $x(t)$、$u(t)$、t_f 相对于它们的最优值 $x^*(t)$、$u^*(t)$、t_f^* 的变分，J' 的一次变分可写为：

$$\delta J' = \delta t_f\left\{H(x(t_f), u(t_f), \lambda(t_f), t_f) + \frac{\partial\phi(x(t_f), t_f)}{\partial t_f}\right\}^* +$$

$$\left[\delta\boldsymbol{x}(t_f)\right]^{\mathrm{T}}\left\{\frac{\partial\boldsymbol{\phi}(x(t_f), t_f)}{\partial x(t_f)} - \lambda(t_f)\right\}^* + \qquad (5\text{-}19)$$

$$\int_{t_0}^{t_f^*}\left\{\delta\boldsymbol{x}^{\mathrm{T}}\left(\frac{\partial H}{\partial x} + \dot{\lambda}\right) + \delta\boldsymbol{u}^{\mathrm{T}}\frac{\partial H}{\partial u}\right\}\mathrm{d}t$$

由于 δt_f、δx、δu 的任意性，以及泛函极值存在的必要条件 $\delta J' = 0$，可得最优控制需要满足的必要条件如下，即最小值原理：

（1）正则方程。

$$\dot{\lambda} = -\frac{\partial H}{\partial x} \qquad (5\text{-}20)$$

$$\dot{x} = \frac{\partial H}{\partial \lambda} = f(x, u, t) \qquad (5\text{-}21)$$

（2）边界条件。

$$\begin{cases} x(t_0) = x_0 \\ \dfrac{\partial H}{\partial u} = 0 \\ \lambda(t_f) = \dfrac{\partial \phi(x(t_f),\ t_f)}{\partial x(t_f)} \\ H|_{t_f} + \dfrac{\partial \phi(x(t_f),\ t_f)}{\partial t_f} = 0 \end{cases} \quad (5\text{-}22)$$

（3）控制方程。

$$H(x^*(t),\ u^*(t),\ \lambda^*(t),\ t) = \min_{u(t) \in U} H(x^*(t),\ u(t),\ \lambda^*(t),\ t),\ t \in [t_0,\ t_f]$$
$$(5\text{-}23)$$

根据最小值原理，使性能指标 J 为最小值的最优控制 $u^*(t)$ 必定使哈密尔顿函数 H 为最小值。由式（5-23）可得最优控制：

$$u^*(t) = \arg \min_{u(t) \in U} H(x^*(t),\ u(t),\ \lambda^*(t),\ t),\ t \in [t_0,\ t_f] \quad (5\text{-}24)$$

应用最小值原理求解最优控制问题的一般步骤可总结如下：

（1）根据系统的性能指标函数列出哈密尔顿函数，以及最优解需满足的所有必要条件；

（2）应用最小值原理，由控制方程（5-23）求出 $u^* = u(x^*,\ \lambda^*,\ t)$ 的表达式；

（3）将 $u^* = u(x^*,\ \lambda^*,\ t)$ 代入正则方程组，求解出满足边界条件最优状态轨迹 $x^*(t)$ 和协变量最优轨迹 $\lambda^*(t)$；

（4）根据式（5-24）求解最优控制轨迹 $u^*(t)$。

5.5.2 ECMS 基本原理

在 ECMS 中，动力电池被认为是一个辅助的可逆能量缓冲装置，它所释放的能量只能通过发动机充电或再生制动来补充。动力电池的工作状态分为放电状态和充电状态两种。

（1）放电状态：动力电池释放电能，为车辆提供驱动功率，所消耗的电能在将来必须得到补充，补充的能量来源于发动机为其充电或再生制动中回收的能量。当再生制动不能产生足够的电量时，需要通过发动机（未来）充电，这会产生额外的燃油消耗。图 5-1 展示了当前电池放电过程（右侧）和未来的燃油消耗（左侧）。

（2）充电状态：存在两种情况：1）发动机为车辆提供驱动功率，在满足需求功率的前提下，富余的能量将转化为电能存储在电池中；2）再生制动回收的能量转化为电能存储到电池中。这些存储的能量在未来用于为车辆提供驱动功率，相当于节省燃油消耗。图 5-2 展示了使用再生制动或发动机充电模式的电池充电过程以及未来降低油耗的效果。

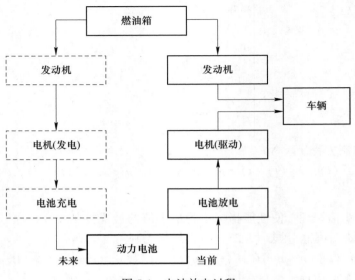

图 5-1　电池放电过程

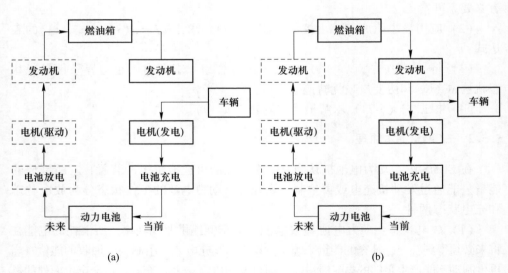

$$\text{(a)} \qquad\qquad\qquad\qquad \text{(b)}$$

图 5-2　电池充电过程
（a）通过再生制动充电；（b）通过发动机充电

ECMS 将电池电能的瞬时消耗视作燃油的瞬时消耗当量 $\dot{m}_{e}(u, t)$，将其与实际燃油瞬时消耗 $\dot{m}_{f}(u, t)$ 相加，就可以获得等效的瞬时燃油消耗 $\dot{m}_{f, eqv}(u, t)$，表达式为：

$$\dot{m}_{\text{f,eqv}}(u,\ t) = \dot{m}_{\text{f}}(u,\ t) + \dot{m}_{\text{e}}(u,\ t) \tag{5-25}$$

在每个时刻 t，通过最小化瞬时等效燃油消耗量，在满足系统约束条件（5-11）前提下，求得控制量最优解：

$$\left[\ T_{\text{ic,opt}}^{*}(t),\ T_{\text{em,opt}}^{*}(t)\ \right] = \min\{\dot{m}_{\text{f,eqv}}(u,\ t)\} \tag{5-26}$$

5.5.3　ECMS 解析推导及实现

在 ECMS 中以等效燃油消耗为控制目标，系统的状态变量为电池 SOC，因而其性能指标函数可表示为：

$$J = \phi(q(t_{\text{f}}),\ t_{\text{f}}) + \int_{t_0}^{t_{\text{f}}} \dot{m}_{\text{f}}(u(t),\ t)\,\mathrm{d}t \tag{5-27}$$

构建哈密尔顿函数为：

$$H(q,\ u,\ \lambda,\ t) = \dot{m}_{\text{f}}(u,\ t) + \lambda f(q,\ u,\ t) \tag{5-28}$$

根据最小值原理，取得最优控制需满足必要条件：

$$\dot{q}(t) = \frac{\partial H}{\partial \lambda} = f(q,\ u,\ t) \tag{5-29}$$

$$\dot{\lambda}(t) = -\frac{\partial H}{\partial q} = -\lambda(t)\frac{\partial f(q,\ u,\ t)}{\partial q(t)} \tag{5-30}$$

由第 2 章建立的电池模型中式（2-21）可以推知：

$$\dot{q}(t) = -\frac{P_{\text{b}}(u,\ t)}{Q_0 U_{\text{oc}}} \tag{5-31}$$

将其代入式（5-28），哈密尔顿函数可以表示为发动机功率与电池功率之和，即：

$$H(u,\ s,\ t) = P_{\text{f}}(u,\ t) + s(t)P_{\text{b}}(u,\ t) \tag{5-32}$$

式中，$P_{\text{f}}(u,\ t) = \dot{m}_{\text{f}}(u,\ t) \cdot H_{\text{LHV}}$ 为发动机功率，H_{LHV} 为燃油低热值，MJ/kg；$P_{\text{b}}(u,\ t)$ 是电池功率；$s(t)$ 称为等效因子，由协变量 $\lambda(t)$ 推导而出：

$$s(t) = -\lambda(t)\frac{H_{\text{LHV}}}{Q_0 U_{\text{oc}}} \tag{5-33}$$

混合动力汽车需要维持电池 SOC 的平衡，假设电池 SOC 通常在较小的范围内变化，这导致电池参数（如内阻、开路电压）基本上保持不变。如果忽略这些影响，系统状态方程可近似为：

$$\dot{q}(t) = \tilde{f}(u,\ t) \tag{5-34}$$

于是有：

$$\dot{\lambda}(t) \approx -\lambda(t)\frac{\partial f(u,\ t)}{\partial q(t)} = 0 \tag{5-35}$$

这意味着，协变量 $\lambda(t)$，或者说等效因子 $s(t)$，沿着 SOC 的最佳轨迹保持近似恒定的值，因此可以寻找一个常数等效因子 s_0 来进行 ECMS 的求解。根据最小值原理，结合最优解必要条件的边界条件，通过求解 $H(u, s, t)$ 的极小值，即可获得混合动力能量管理问题的最优控制决策

$$u^*(t) = \underset{u(t) \in U}{\arg\min} \{ H(u(t), t, s_0) \} \tag{5-36}$$

利用计算机实现 ECMS 的求解和控制时，控制量只能在离散时刻得到，因此需要对连续系统进行离散化，计算步骤如下：

（1）给定系统状态，包括需求功率 $P_{dem}(t)$、发动机/电机转速 $n(t)$、SOC、$s(t)$ 等；确定满足瞬时约束条件（功率、转矩、电流限制等）的容许控制域 $[T_{em,min}(t), T_{em,max}(t)]$；

（2）将 $[T_{em,min}(t), T_{em,max}(t)]$ 离散为有限数量（N 个）的候选控制量 $[T_{em,min}^1(t), \cdots, T_{em}^i(t), \cdots, T_{em,max}^N(t)]$；

（3）对每个候选控制量 $T_{em}^i(t)$，计算相应的发动机功率 $P_{ic}^i(t)$、电机功率 $P_{em}^i(t)$ 以及发动机燃油消耗 $\dot{m}_f^i(t)$，并计算对应的等效燃油消耗量 $\dot{m}_{f,eqv}^i(t) = \dot{m}_f^i(t) + s(t) P_{em}^i(t) / H_{LHV}$；

（4）求解最小等效燃油消耗量 $\dot{m}_{f,eqv}^*(t) = \min \{ \dot{m}_{f,eqv}^1(t), \cdots, \dot{m}_{f,eqv}^i(t), \cdots, \dot{m}_{f,eqv}^N(t) \}$，并获得相应的最优电机转矩 $T_{em,opt}^*(t)$ 和发动机转矩 $T_{ic,opt}^*(t) = T_{dem} - T_{em,opt}^*(t)$。

针对本节所研究的并联混合动力汽车，分别在第 3 章中所建立的 3 种不同城市道路工况下，采用不同的常数等效因子，通过 ECMS 计算使 $H(u, s, t)$ 达到极小值的与各等效因子相对应的 SOC 轨迹，其中，SOC 参考值为 0.6，如图 5-3 所示。由图中可以看出，不同的等效因子产生了不同的 SOC 轨迹，其中粗实线轨迹所对应的等效因子为最优等效因子 s^*，它使车辆在行驶工况结束时电池 SOC 维持了平衡。通过式（5-32）也可以看出，当选用的等效因子大于 s^* 时，电池能耗在等效燃油油耗中的占比较大，控制策略倾向于减少对电池能量的损耗，而更多使用发动机燃油的消耗，由此导致了电池 SOC 曲线呈逐步上升趋势，等效因子偏离 s^* 越大，上升就越明显；当选用的等效因子小于 s^* 时，电池能耗在等效燃油消耗中的占比减小，控制策略倾向于减少发动机燃油消耗，而使用更多的电能，因此电池 SOC 曲线呈下降趋势。

此外，3 种不同的行驶工况，对应的最优等效因子分别为 2.4、2.45、2.42，而且等效因子的微小变化对各工况的控制结果也有明显差异。可见对不同的行驶工况需要设定适合该工况的最优等效因子。

以工况 I 为例，观察不同等效因子对发动机输出功率与电机输出功率分配的影响，如图 5-4 所示。从图中可以直观地看出，随着等效因子 s 的增大，动力电池的能耗在等效燃油消耗中的占比越来越大，即电能的使用成本增大，而更偏向于使用发动机提供能量，因此发动机输出功率随之增大。

由以上计算过程和结果分析，通过 ECMS 计算的最优控制决策是由最小化哈

密尔顿函数 $H(u, s, t)$ 而得，但是其控制性能受等效因子的影响较大。对于同一车型在同一行驶工况下，不同的等效因子会产生不同的 SOC 轨迹和燃油消耗水平；对于不同的行驶工况，其最优等效因子不同。只有在选择最优等效因子 s^* 时，可以实现对混合动力汽车的最优控制。

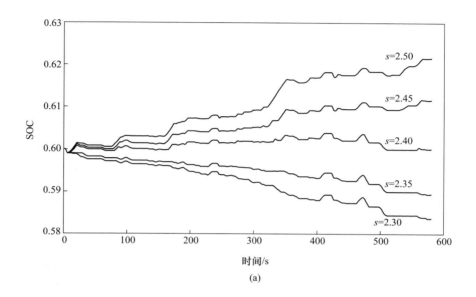

(a)

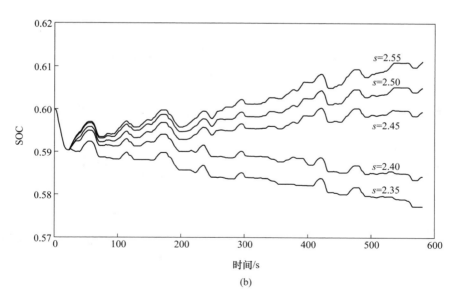

(b)

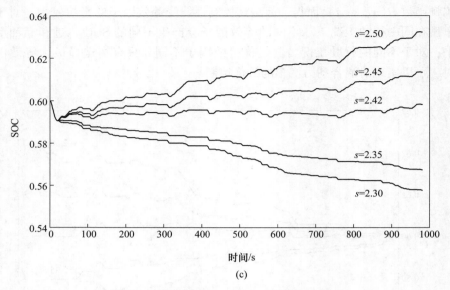

(c)

图 5-3　不同等效因子对应的电池 SOC 轨迹

（a）工况Ⅰ；（b）工况Ⅱ；（c）工况Ⅲ

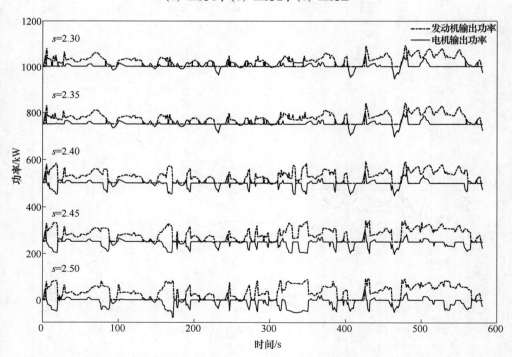

图 5-4　不同等效因子下发动机与电机输出功率分配关系（工况Ⅰ）

5.6 自适应 ECMS

利用传统 ECMS 求解最优控制时，通常为给定工况选择常数等效因子 s_0。在 5.5.3 节的分析中，可以看出，等效因子的取值对 ECMS 控制效果影响很大，只有选择恰当的等效因子，才能获得最佳燃油经济性和维持电池 SOC 的平衡。困难在地方在于，不同的行驶工况，对应的最优等效因子不同，而在实际驾驶环境中，未来的行驶工况难以预知，因而无法针对该工况选择恰当的等效因子，影响 ECMS 的控制效果，这也是阻碍 ECMS 实时应用的主要原因。

自适应等效消耗最小化策略（Adaptive-ECMS，A-ECMS）即是以解决上述问题而提出，其基本思想是根据行驶工况的变化，对等效因子进行自适应调整，而非采用单一的等效因子，以提高 ECMS 对不同工况的适应性和鲁棒性。Musardo 等[133] 基于车辆行驶的当前道路负荷，定期刷新等效因子，以使电池 SOC 维持平衡及燃料消耗最小。

从等效因子的物理意义来看，它表示电能与等效燃油消耗量之间的转换关系，因此等效因子的调整与电池 SOC 关系密切。用于实时控制的 A-ECMS 在本质上是依据 SOC 的变化对等效因子进行自适应调整。根据 SOC 误差的反馈，以一定周期对等效因子进行自适应调整的规则一般定义为：

$$s(k+1) = s(k) + K_{SOC}(q(t_0) - q(t)), \quad (t = kT, \ k = 1, \ 2, \ \cdots) \quad (5\text{-}37)$$

式中，$s(k+1)$ 和 $s(k)$ 分别为对应调整周期的等效因子；$q(t_0) - q(t)$ 为初始 SOC 与第 k 个周期 SOC 终值的差值；T 为等效因子的更新周期；K_{SOC} 为等效因子调整系数。该等效因子调整算法是一个线性调整算法，将其记为 EF-L（Equivnlent Factor-Linear）。采用 EF-L 调整算法的 ECMS 策略记为 A-ECMS-L。

以工况 I 为例，采用 EF-L 调整算法，初始等效因子分别选为 2.30 和 2.50，以检验该调整规则的控制效果，其中 K_{SOC} 设为 5，如图 5-5 所示。从图中可以看出，等效因子初始值为 2.30 时，随着电能的消耗，电池 SOC 持续下降，等效因子依据自适应调整算法 EF-L 因此而向增大的趋势调整，直至 320 s 左右时，电池 SOC 回到参考值附近，然而此时的等效因子高于最优值，抑制了电能的消耗，使得 SOC 逐渐增大，经过 EF-L 调整算法的修正，等效因子开始逐次递减，车辆行至终点时，SOC 又回到参考值附近。等效因子初始值为 2.50 时，也具有相同的调整规律。与等效因子为常数的 ECMS 相比，A-ECMS-L 策略在选用合适的参数时都可以保证电池 SOC 回归到参考值附近，验证了 A-ECMS-L 的有效性。

图 5-6 和图 5-7 展示不同调整系数 K_{SOC} 值下的等效因子调整轨迹和电池 SOC 轨迹。K_{SOC} 反映了当前 SOC 值相对参考值的偏差对等效因子调整的重要程度，如果 K_{SOC} 过小，则等效因子的调整幅度很小，调节能力有限，如 $K_{SOC} = 1$ 时，等

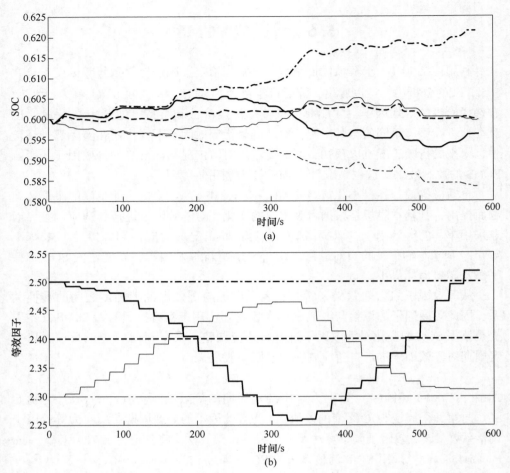

图 5-5　等效因子初始值为 2.3（a）和 2.5（b）的 A-ECMS-L 仿真结果（工况 I）

　－·－· ECMS s = 2.3　　－··－ ECMS s = 2.5　　－－－最优 ECMS s = 2.4

———— A-ECMS s_0 = 2.3　　———— A-ECMS s_0 = 2.5

效因子持续下降，直到行程结束，电池 SOC 值方才回归到参考值附近，这可能
会导致电池电能利用率过低，不利于节能；如果 K_{SOC} 过大，则等效因子的调整幅
度很大，容易产生修正过度，致使电池 SOC 围绕参考值出现上下波动现象，并
在行程结束时偏离参考值较大。需要注意的是这里的波动现象仅是由于 K_{SOC} 较大
而导致的，并没有考虑发动机和电机的运行状态特点，因此不能也就不能优化两
者的功率分配，达不到节约燃油的目的。

　　通过上述分析，A-ECMS-L 策略可以实现控制目标，但是等效因子调整系数
K_{SOC} 对它的控制效果影响较大。

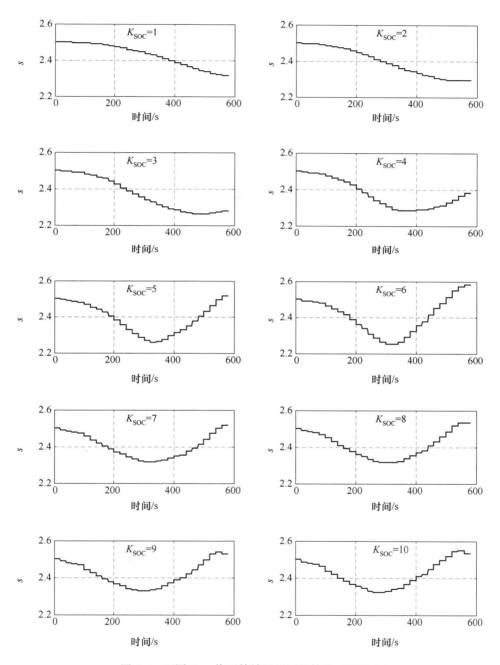

图 5-6 不同 K_{SOC} 值下等效因子调整轨迹（工况 I）

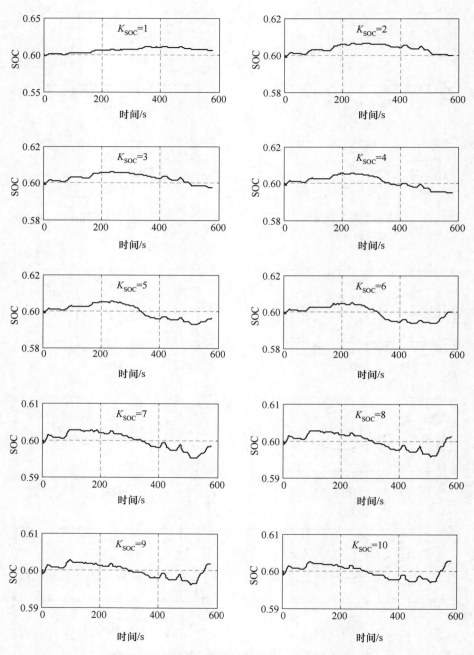

图 5-7　不同 K_{soc} 值下电池 SOC 轨迹（工况 I）

5.7 基于车速预测的自适应 ECMS

在自适应 ECMS 的研究中，都是根据一定的目标工况对等效因子进行自适应调整。以往的研究中，主要采用历史工况作为参考对象，即以刚完成的一定区段的历史工况作为目标工况，采用自适应调整规则计算下一区段的等效因子。然而在实际驾驶环境中，行驶工况在不断发生变化，虽有一定的连续性，仍然会产生固有误差，尤其是行驶工况产生较大变化的两个区段。若以真实的未来工况为目标工况对等效因子进行自适应寻优，可以获得更好的控制效果，但是未来工况难以准确获知，所以以预测工况代替未来真实工况，对等效因子进行自适应调整，是当前预测能量管理策略研究的热点。本节研究目标是利用第 4 章中的车速预测信息，以不同的预测时域为周期向后滚动，对等效因子进行动态调整，进而对混合动力汽车进行实时控制，如图 5-8 所示。

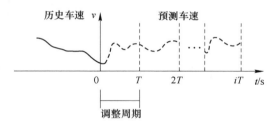

图 5-8 预测周期示意图

5.7.1 基于预测车速变化趋势的等效因子调整算法

利用预测的车速信息，来分析未来工况的变化趋势，以此判断 SOC 变化趋势。在 EF-L 算法的基础上，引入体现 SOC 变化趋势的影响因子，以改进原算法的不足。改进的等效因子调整算法为：

$$s(k+1) = s(k) + v_{\text{std}}^{(k+1)T}(q(t_0) - q(t)) \tag{5-38}$$

$$v_{\text{std}}^{(k+1)T} = \sqrt{\frac{\sum\limits_{j=1}^{N}(v_j - \bar{v})^2}{N}} \tag{5-39}$$

式中，v_{std}^i 为调整周期 i 内速度的标准差；v_j 为时刻 j 的预测速度；$\bar{v}$ 为区间 i 的平均速度；N 为区间 i 内速度点采样数目。

该等效因子调整算法是基于对预测车速的分析，记为 EF-V。采用该调整算法的 ECMS 策略记为 A-ECMS-V。EF-V 算法的基本思想是，v_{std}^i 一定程度上反映了调整周期 i（未来工况）内的工况变化趋势：若该比值较大，表明车辆在区间

i内会频繁加速或减速，这意味着在该区间内需要使用更多的电能，以维持发动机运行于高效区，这样就不可避免地使电池 SOC 呈下降趋势，为维持电池 SOC 的平衡，对 i 区间的等效因子适当增大；若该比值较小，表明在区间 i 内车辆速度变化缓慢，因此驱动需求功率变化不大，等效因子更接近于上一周期。显然，该调整算法对未来工况具有更好的适应性。

EF-V 调整算法中以 v_{std}^i 代替等效因子调整系数 K_{SOC}，避免对它的选择。图 5-9 所示为 A-ECMS-V 与 A-ECMS-L 两种策略的等效因子调整算法对比。其中设定 SOC 参考值为 0.6，等效因子初始值均设为 2.4，$K_{SOC}=5$，调整周期为 20 s。

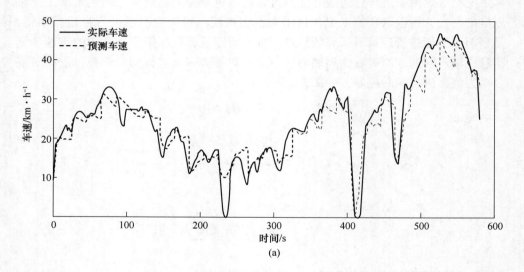

(a)

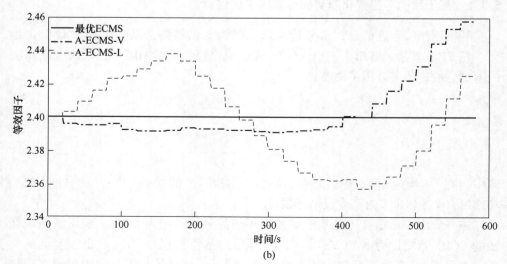

(b)

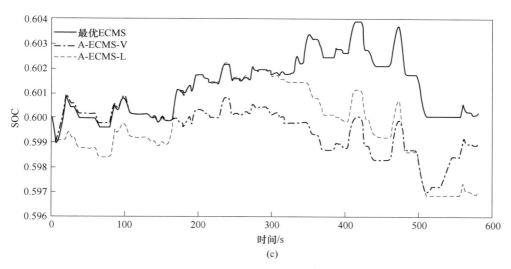

图 5-9 A-ECMS-V 与 A-ECMS-L 等效因子调整算法对比

（a）车速随时间的变化；（b）等效因子随时间的变化；（c）SOC 值随时间的变化

由图 5-9 可以看出，A-ECMS-L 策略仅以当前 SOC 值与参考值的偏差为判据，以其 K_{SOC} 倍增益对等效因子进行调整，所以在 SOC 值小于参考值时，等效因子便持续增大，直到 SOC 回归到参考值；当 SOC 值大于参考值时，等效因子开始持续减小，如此不断循环。A-ECMS-V 策略以预测工况车速状态和 SOC 偏差为综合判据，对等效因子进行调整，在初始阶段，预测工况车速变化不大，等效因子维持在 2.4 附近，并略有减小，使得 SOC 维持在参考值附近；在 410 s 后，预测工况车速出现明显增大，等效因子调整算法依据该变化做出修正，使等效因子也逐渐增大，以降低电池电能的损耗，避免 SOC 过度下降。由此可以看出，基于预测工况车速分析的 A-ECMS-V 策略对未知工况的适应性更强。

5.7.2 基于预测能量动态分析的等效因子调整算法

基于一定时域的车速预测（见图 5-8），通过混合动力系统能量流的传递对等效因子进行进一步解释，并在此基础上设计等效因子的动态调整算法。首先需要对预测周期 i（即调整周期）内能量的含义进行定义：燃油消耗能量 E_f^i，电能 E_e^i（表示电池储能的变化，$E_e^i > 0$ 表示放电消耗的电能，$E_e^i < 0$ 表示充电存储的电能），以及区间 i 内驱动车辆所需求的总机械能 E_{dem}^i，和再生制动回收的能量 E_{rec}^i，具体表达式如下：

$$E_f^i = \int_{(i-1)T}^{iT} H_{LHV} \dot{m}_f(\tau) \mathrm{d}\tau \tag{5-40}$$

$$E_e^i = \int_{(i-1)T}^{iT} I_b(\tau) U_{oc}(\tau) \mathrm{d}\tau \tag{5-41}$$

$$E^i_{\mathrm{dem}} = \int_{(i-1)T}^{iT} T_{\mathrm{wh}}(\tau) n_{\mathrm{wh}}(\tau) \mathrm{d}\,\tau\,(T_{\mathrm{wh}}(\tau) \geqslant 0) \tag{5-42}$$

$$E^i_{\mathrm{rec}} = \int_{(i-1)T}^{iT} T_{\mathrm{wh}}(\tau) n_{\mathrm{wh}}(\tau) \mathrm{d}\,\tau\,(T_{\mathrm{wh}}(\tau) < 0) \tag{5-43}$$

ECMS 策略本质是将电池消耗电能与燃油消耗能量进行等效转换，因此，重点在于分析动力电池能量的变化。动力电池主要有两种状态：（1）放电，为车辆提供驱动能量；（2）充电，由发动机或者再生制动回收能量为其充电。

设想在整个预测周期 i 内的车辆驱动过程中（暂不考虑再生制动情况），动力电池的运行仅存在一种状态，即仅放电或仅充电。

5.7.2.1　电池仅放电

在此情况下，驱动车辆所需求的能量由燃油和电池共同提供，如图 5-10（a）所示。根据能量平衡，可以得到如下关系式：

$$\frac{E^i_{\mathrm{dem}}}{\eta_{\mathrm{t}}} = E^i_{\mathrm{f}} \cdot \eta_{\mathrm{f}} + E^i_{\mathrm{e}} \cdot \eta_{\mathrm{e}} \tag{5-44}$$

式中，η_{f} 为发动机效率；η_{e} 为电池充/放电效率；η_{t} 为传动系统传动效率。

式（5-44）两边同除以 η_{f}，可得：

$$\frac{E^i_{\mathrm{dem}}}{\eta_{\mathrm{t}}\eta_{\mathrm{f}}} = E^i_{\mathrm{f}} + E^i_{\mathrm{e}} \cdot \frac{\eta_{\mathrm{e}}}{\eta_{\mathrm{f}}} \tag{5-45}$$

式中，$\dfrac{E^i_{\mathrm{dem}}}{\eta_{\mathrm{t}}\eta_{\mathrm{f}}}$ 为驱动周期内所需驱动能量等效为燃油消耗的能量值，记为 E^i_{eqv}；$E^i_{\mathrm{e}} \cdot \dfrac{\eta_{\mathrm{e}}}{\eta_{\mathrm{f}}}$ 为电池消耗的电能等效为燃油消耗的能量值，为了维持电池 SOC 平衡，这些消耗的电能需要由燃油消耗来补充。根据 ECMS 含义，此时等效因子为 $s_{\mathrm{dis}} = \eta_{\mathrm{e}}/\eta_{\mathrm{f}}$，则有：

$$E^i_{\mathrm{eqv}} = E^i_{\mathrm{f}} + s_{\mathrm{dis}} \cdot E^i_{\mathrm{e}} \tag{5-46}$$

5.7.2.2　电池仅充电

在此情况下，驱动车辆所需求的能量由燃油单独提供，同时发动机为电池充电，如图 5-10（b）所示。根据能量平衡，可以得到如下关系式：

$$\frac{E^i_{\mathrm{dem}}}{\eta_{\mathrm{t}}} = E^i_{\mathrm{f}} \cdot \eta_{\mathrm{f}} + \frac{-E^i_{\mathrm{e}}}{\eta_{\mathrm{e}}} \tag{5-47}$$

式中，$-E^i_{\mathrm{e}} < 0$ 表示电池充电所存储的能量。等式两边同除以 η_{f}，可得：

$$\frac{E^i_{\mathrm{dem}}}{\eta_{\mathrm{t}}\eta_{\mathrm{f}}} = E^i_{\mathrm{f}} + \frac{-E^i_{\mathrm{e}}}{\eta_{\mathrm{e}}\eta_{\mathrm{f}}} \tag{5-48}$$

式中，$\dfrac{-E^i_{\mathrm{e}}}{\eta_{\mathrm{e}}\eta_{\mathrm{f}}}$ 为电池存储的电能等效为节约燃油的能量值，这些存储的电能将用来

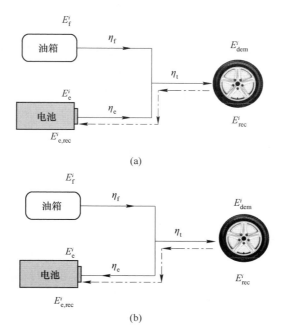

图 5-10 动力电池不同运行状态下的能量流传递

（a）放电；（b）充电

——————→ 驱动能量　　– · – · – · –→ 再生制动回收能量

为车辆驱动提供能量。此时等效因子为 $s_{char} = 1/\eta_e\eta_f$，类似式（5-46），同样有：

$$E_{eqv}^i = E_f^i + s_{char} \cdot (-E_e^i) \tag{5-49}$$

上述情况仅说明了车辆在驱动状态下的能量流传递，此外还有一种不可忽视的能量，即再生制动回收的能量，它不受控制规则影响，在给定的循环周期内可认为是个常值，它将转化为电能存储于动力电池中，并为之后的驱动状态提供能量。由再生制动回收存储的电能 $E_{e,rec}^i$ 为：

$$E_{e,rec}^i = E_{rec}^i \cdot \eta_t \cdot \eta_e \tag{5-50}$$

由于回收的电能并非由燃油化学能转化而来，因此在等效燃油消耗能量计算中，需将消耗的电能减去回收的电能，即式（5-46）和式（5-49）可变化为：

$$E_{eqv}^i = E_f^i + s_{dis} \cdot (E_e^i - E_{e,rec}^i) \tag{5-51}$$

$$E_{eqv}^i = E_f^i + s_{char} \cdot (-E_e^i - E_{e,rec}^i) \tag{5-52}$$

通常，通过对变量 $u = P_{em}(t)/P_{t,in}(t)$ 的控制，混合动力系统在不同的工作模式下切换，在一个循环周期内动力电池可能既有放电状态，又有充电状态，因此等效因子 $s(t)$ 体现了两种状态在该循环周期内占比的一个权重关系。假设 $\mu(t)$ （$0<\mu(t)<1$） 为放电状态的权重系数，则 $1-\mu(t)$ 表示充电状态的权重系

数，因此等效因子可以表示为：

$$s(t) = \mu(t)s_{\text{dis}} + (1 - \mu(t))s_{\text{char}} \tag{5-53}$$

由此，对等效因子 $s(t)$ 的动态调整是基于一定周期内对两个状态值 $[s_{\text{dis}},$ $s_{\text{char}}]$ 和权重系数 $\mu(t)$ 等参数的计算。这些参数可以通过对该周期内的能量分析计算而得。该等效因子调整算法记为 EF-E，基于 EF-E 的 ECMS，记作 A-ECMS-E。

A　等效因子状态值 $[s_{\text{dis}}, s_{\text{char}}]$

若在整个调整周期内，控制变量 u 均大于零，即表示动力电池仅处于放电状态，为车辆提供驱动能量。对不同的变量 u，对应一组 $(E_{\text{f}}^i(u), E_{\text{e}}^i(u))$ 值，并由式（5-51）可以推导出：

$$E_{\text{f}}^i(u) = E_{\text{eqv}}^i - s_{\text{dis}} \cdot (E_{\text{e}}^i(u) - E_{\text{e, rec}}^i) \tag{5-54}$$

假设发动机热效率 η_{f} 及电能转换效率 η_{e} 为常量，$E_{\text{f}}^i(u)$ 和 $E_{\text{e}}^i(u)$ 呈现出了近似的线性关系，其斜率即为等效因子 s_{dis}。因此，通过设置不同的控制变量 $u \in$ $(0, u_{\text{max}}]$，将获取的多组 $(E_{\text{f}}^i(u), E_{\text{e}}^i(u))$ 值进行线性拟合，即可得到 s_{dis} 的值。

同理，控制变量 u 均小于零，即表示动力电池仅处于充电状态，由发动机为其充电。由式（5-52）可以得出：

$$E_{\text{f}}^i(u) = E_{\text{eqv}}^i - s_{\text{char}} \cdot (- E_{\text{e}}^i(u) - E_{\text{e, rec}}^i) \tag{5-55}$$

同样通过对不同的控制变量 $u \in [u_{\text{min}}, 0)$，所得的多组 $(E_{\text{f}}^i(u), E_{\text{e}}^i(u))$ 值进行线性拟合，即可得到 s_{char} 的值。

控制变量 u 的最大值 u_{max} 和最小值 u_{min} 受到发动机和电机功率的限制，对给定的调整周期 i，其值可由以下公式计算：

$$u_{\text{max}} = \begin{cases} \dfrac{P_{\text{em,max}}}{P_{t,\text{in,max}}} & (P_{\text{em,max}} < P_{t,\text{in,max}}) \\ 1 & (P_{\text{em,max}} \geqslant P_{t,\text{in,max}}) \end{cases} \tag{5-56}$$

$$u_{\text{min}} = - \frac{P_{\text{ic,max}} - P_{t,\text{in,max}}}{P_{t,\text{in,max}}} \tag{5-57}$$

式中，$P_{t,\text{in,max}}$ 为传动系输入轴端的最大需求功率；$P_{\text{em,max}}$ 为相应转速下的最大电机功率；$P_{\text{ic,max}}$ 为相应转速下的最大发动机功率。

将控制变量 u 在 $[u_{\text{min}}, u_{\text{max}}]$ 范围内等间距离散化，对每个计算相应的 $(E_{\text{f}}^i(u), E_{\text{e}}^i(u))$。根据计算结果，进行线性拟合，可得到斜率分别为 s_{dis} 和 s_{char} 的两条直线，并在 $(E_{\text{e,rec}}^i, E_{\text{eqv}}^i)$ 点汇合，如图 5-11 所示。

B　权重系数 $\mu(t)$

在调整周期 i 内，由时刻 t 至周期终止时刻 t_{f}，动力电池可能消耗的最大电能

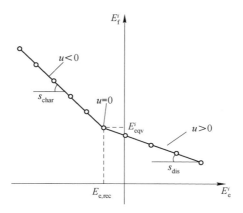

图 5-11 E_f^i 与 E_e^i 线性拟合关系

$E_{e,dis}^i(t)$ 和可能存储的最大电能 $E_{e,char}^i(t)$ 分别为:

$$E_{e,dis}^i(t) = \frac{1}{\eta_e} \int_t^{t_f} u_{max} P_{t,in}(\tau) d\tau + \eta_t \eta_e \int_t^{t_f} T_{wh}(\tau) n_{wh}(\tau) d\tau \qquad (5-58)$$

$$E_{e,char}^i(t) = \eta_e \int_t^{t_f} u_{min} P_{t,in}(\tau) d\tau + \eta_t \eta_e \int_t^{t_f} T_{wh}(\tau) n_{wh}(\tau) d\tau \qquad (5-59)$$

式中,$\int_t^{t_f} u_{max} P_{t,in}(\tau) d\tau$ 为 $t \sim t_f$ 时刻电机以最大分配功率驱动车辆时所消耗的电能;

$\int_t^{t_f} u_{min} P_{t,in}(\tau) d\tau$ 为 $t \sim t_f$ 时刻发动机除满足车辆驱动功率需求外,以最大功率为动

力电池充电所存储的电能,为负值;$\int_t^{t_f} T_{wh}(\tau) n_{wh}(\tau) d\tau$ 为 $t \sim t_f$ 时刻由再生制动回

收的电能,为负值,其中 $T_{wh}(\tau) < 0$ 为制动转矩。

因此在 $t \sim t_f$ 时刻动力电池允许的变化范围为 $[E_{e,char}^i(t), E_{e,dis}^i(t)]$,权重系数 $\mu(t)$ 表示动力电池可能消耗的最大电能 $E_{e,dis}^i(t)$ 在所允许的变化范围内的比重,即可表示为:

$$\mu(t) = \frac{E_{e,dis}^i(t)}{E_{e,dis}^i(t) - E_{e,char}^i(t)} \qquad (5-60)$$

综上所述,EF-E 调整算法的计算流程如图 5-12 所示。

具体步骤为:

(1) 根据预测的调整周期 i,计算该周期内驱动车辆所需的总能量 E_{dem}^i;

(2) 确定控制量的可选范围 $[u_{min}, u_{max}]$,并按一定步长 Δu 将其离散化。对每个控制量 $u_k \in [u_{min}, u_{max}]$,利用整车模型计算燃油能量与电能的使用量 E_f^i 和 E_e^i,根据线性拟合关系得出 s_{char} 和 s_{dis} 的值;

(3) 通过式 (5-60) 计算权重系数 $\mu(t)$,然后由式 (5-53) 计算等效因子 $s(t)$;

（4）将调整的等效因子代入 ECMS 策略中，实时获得最优控制。

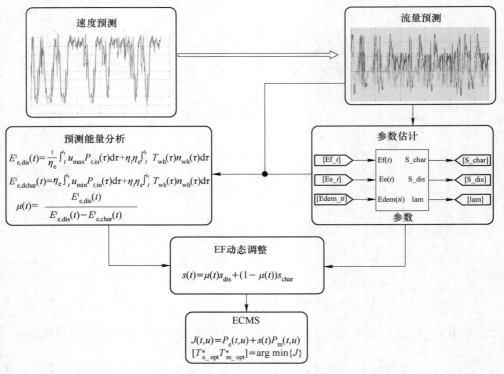

图 5-12　EF-E 调整算法的计算流程

（扫描书前二维码看彩图）

5.8　仿真分析及对比

本章所研究的能量管理控制策略均是以 ECMS 为基础，其控制的目的在于满足车辆动力需求的同时获得最小的燃油消耗。通过对自适应 ECMS 的研究分析，利用短期车速预测信息，分别基于车速和能量分析对其进行改进，形成 A-ECMS-V 策略和 A-ECMS-E 控制策略。基于 3 个不同的城市工况，在不同的预测时域（5~30 s）下对上述几种控制策略进行了仿真计算，以百公里燃油消耗量和电池 SOC 平衡性为指标，对它们进行性能评价，进而验证改进的自适应 ECMS 的控制性能。

由于在行驶工况终了时，电池 SOC 值不能与初始值（参考值）完全一致，而是存在一定偏差，为了获得燃油经济性的公平比较，通常将电池 SOC 相对参考值的差值转化为当量燃油消耗量，计算公式为[57]：

$$E_{\Delta SOC} = (q(t_f) - q(t_0)) \cdot N_{cell} \cdot Q_0 \cdot 3600 \int V_{ocv} d(1-q) \tag{5-61}$$

$$FC_{\Delta SOC, comp} = \frac{FC - \dfrac{E_{\Delta SOC}}{H_{LHV} \eta_{diesel} \eta_{ic} \eta_{em}}}{\rho_{diesel} d_{cycle} \cdot 10^{-5}} \qquad (5-62)$$

式中，$E_{\Delta SOC}$ 为 SOC 偏差所对应的电能，J；$q(t_f)$、$q(t_0)$ 分别是 SOC 终值和初始值；N_{cell} 是电池单体数量；Q_0 是电池最大容量，Ah；V_{ocv} 是电池单体开路电压，V；$FC_{\Delta SOC, comp}$ 是 SOC 补偿后的百公里燃油消耗量，L；FC 为 SOC 补偿前的燃油消耗质量，kg；H_{LHV} 为柴油的热值，J/kg；η_{diesel} 为发动机的机械能转化为电能的效率；η_{ic} 为发动机效率；η_{em} 为电机效率；ρ_{diesel} 为柴油密度（0.84 kg/L）；d_{cycle} 为行驶距离，m。后面所涉及的百公里燃油消耗量均为折算后的百公里燃油消耗量。

5.8.1 燃油经济性分析

5.8.1.1 初始等效因子对 A-ECMS-V 策略燃油经济性的影响

在 A-ECMS-V 控制策略中，需要设置初始等效因子 s_0，然后根据调整算法 EF-V，即式（5-38），通过迭代计算获取下一个调整周期的等效因子。在 5.6.1 节的分析中，利用该等效因子调整算法的控制策略可以使电池 SOC 在不同的初始等效因子下获得良好的平衡性。下面通过 3 种城市工况下燃油经济性对比来分析不同初始等效因子对 A-ECMS-V 控制策略的影响。

通过 ECMS 寻优计算，获得 3 种不同城市工况下的最优等效因子分别为（2.4，2.45，2.42）。现设 3 种不同工况下的初始等效因子分别为（2.5，2.55，2.5），利用 A-ECMS-V 策略分别对各工况进行仿真控制，计算燃油消耗，并与初始等效因子为最优值的燃油消耗作对比，如图 5-13 所示。

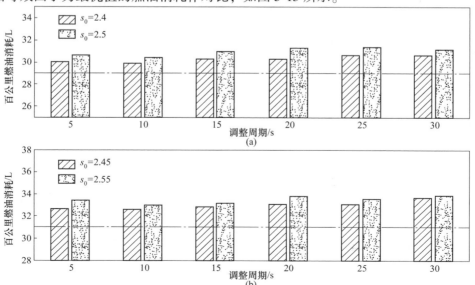

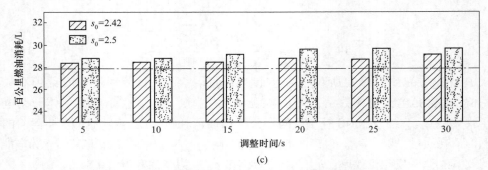

(c)

图 5-13   不同初始等效因子的 A-ECMS-V 策略燃油消耗对比

（a）工况 I；（b）工况 II；（c）工况 III

　　图中点划横线是由等效因子为最优值的 ECMS 计算而得的最优燃油消耗。从图中可以直观地看出，设置不同的等效因子初始值，对车辆的燃油消耗具有一定的影响。当等效因子初始值的设定接近最优等效因子时，可以获得接近于最优燃油消耗的结果；而当初始值的设定与最优等效因子偏差较大时，其燃油消耗也随之增大。以工况 I、调整周期为 20 s 为例，从控制过程来分析产生燃油消耗差异的原因，如图 5-14 所示。

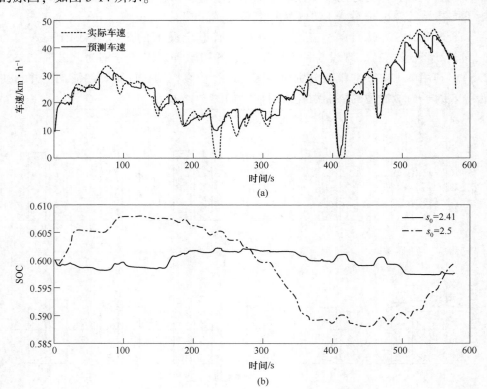

(a)

(b)

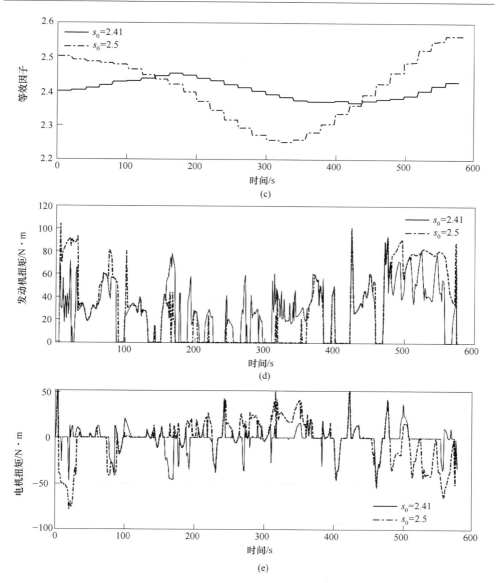

图 5-14 不同初始等效因子的 A-ECMS-V 策略控制过程分析

（a）车速随时间的变化；（b）SOC 值随时间的变化；（c）等效因子随时间的变化；

（d）发动机扭矩随时间的变化；（e）电机扭矩随时间的变化

由图 5-14 可以看出，行驶工况的初始阶段（0~80 s），车辆在加速行驶，初始等效因子设置为 $s_0 = 2.5$ 时，偏大于最优等效因子，导致电能使用成本升高，功率分配偏向于更多利用发动机，发动机功率一部分用于驱动车辆，一部分用于为电池充电，从而使得电池 SOC 逐步上升，同时造成燃油消耗增加。在 80~220 s

阶段，车辆行驶呈现减速趋势，需求功率下降。$s_0 = 2.5$ 的控制过程中，由于电池 SOC 高于参考值，使得等效因子逐步减小，但是在 140 s 之前等效因子仍然较大，因而分配给发动机的功率也较大，导致了燃油消耗增大。与其不同的是，$s_0 = 2.4$ 的控制过程，由于电池 SOC 略低于参考值，使得等效因子逐步增大。一方面制动再回收能量为电池充电；另一方面随着等效因子增大，有利于发动机在高效区运行，除了满足车辆行驶需求功率，还可以为电池进行充电。在最后阶段（410~580 s），车辆行驶呈现加速趋势，需求功率增大，$s_0 = 2.5$ 的控制过程，由于电池 SOC 低于参考值，发动机功率除了满足不断增大的驱动需求功率，还要为电池进行充电，以使其回归到参考值，导致了燃油消耗的增加。

由以上结果和分析可以看出，A-ECMS-V 控制策略只有将初始等效因子设置在最优等效因子附近才能获得更优的燃油消耗，这影响了 A-ECMS-V 策略在实时能量管理中的应用。

5.8.1.2　不同策略燃油经济性对比

燃油经济性评价，以等效因子为最优值的 ECMS 策略获得的燃油消耗为标准进行换算，最优燃油消耗设为 100%，值越小，燃油经济性越差。对 3 种不同工况分别采用 A-ECMS-E、A-ECMS-V 和 A-ECMS-L 策略进行控制的燃油经济性如图 5-15~图 5-17 所示。其中 A-ECMS-V 和 A-ECMS-L 策略的等效因子初始值均设为等效因子最优值。

A　工况 I

由图 5-15 所示，相比于未考虑未来工况的 A-ECMS-L 策略，基于短期车速预测的 A-ECMS-E 和 A-ECMS-V 策略均具有更好地燃油经济性，在预测周期时长恰当的情况下，节约油耗最高分别可达 9.0% 和 7.15%，说明了基于未来工况信息对 ECMS 等效因子进行实时调整，可以有效提高车辆的燃油经济性。随着调整周期的增长，A-ECMS-E 策略的燃油经济性呈升高趋势，在 20 s 左右时提升 97.4%，而后又呈现出降低的趋势，其原因是 A-ECMS-E 策略是以调整周期内电池的最大消耗电能和最大存储电能的权重为依据对等效因子进行实时动态调整，随着预测时域的增加，所获得的未来工况信息更多，有利于对再生制动能量等进行充分利用，因而可以有效降低燃油消耗，但是预测时域过长时，车速预测精度明显下降，不利于对等效因子的调整。A-ECMS-V 和 A-ECMS-L 策略的等效因子调整规则（式（5-38）和式（5-37））具有相同的结构形式，都是基于当前电池 SOC 的反馈，区别在于 A-ECMS-L 策略等效因子调整系数 K_{SOC} 为常数，而 A-ECMS-V 策略等效因子调整系数是基于预测车速的变化趋势。从燃油经济性结果来看，当调整周期较短时，等效因子变化小且调整频次较高，动态控制更好，所以燃油经济性较高；当调整周期较长时，等效因子调整频次较低，易使电池 SOC 出现较大偏差，动态控制效果差，致使燃油经济性下降。相比 A-ECMS-L 策略，

A-ECMS-V 策略的燃油经济性更高且比较稳定,在调整周期不长于 15 s 时,其燃油经济性与 A-ECMS-E 策略的很接近,甚至更高一些。

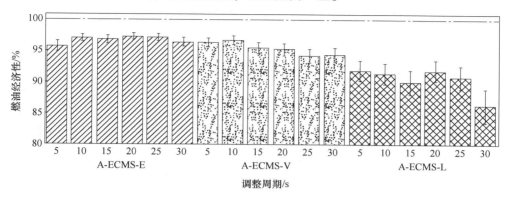

图 5-15 不同控制策略燃油经济性对比(工况 I)

B 工况 II

如图 5-16 所示,在一定调整周期下,与 A-ECMS-L 策略相比,A-ECMS-E 的燃油经济性提升可达 10.7%,A-ECMS-V 的燃油经济性提升可达 9.2%。与工况 I 相比,工况 II 的交通状况比较复杂,短期车速预测精度下降,影响了等效因子的动态调整,使得车辆燃油经济性整体上都有所下降。

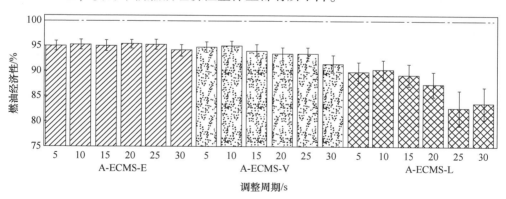

图 5-16 不同控制策略燃油经济性对比(工况 II)

C 工况 III

如图 5-17 所示,在一定调整周期下,与 A-ECMS-L 策略相比,A-ECMS-E 的燃油经济性提升可达 8.7%,A-ECMS-V 的燃油经济性提升可达 7.5%。与前两种工况不同的是,工况 III 为城市交通快车道模型,不受交通灯影响,车速基本保持在较小范围内变化,一方面使得短期车速预测精度升高,另一方面更容易使发动机运行于高效区内。因而不同控制策略所获得的燃油经济性在整体上都高于前两种工况。A-ECMS-E 与 A-ECMS-V 的燃油经济性相较 A-ECMS-L 的提升幅度也有所下降。

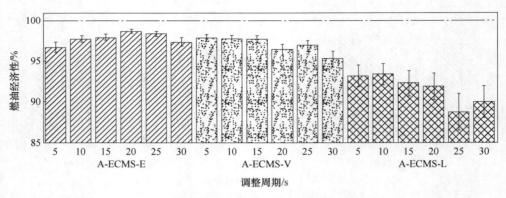

图 5-17　不同控制策略燃油经济性对比（工况Ⅲ）

5.8.2　电池 SOC 平衡性分析

各工况下，不同控制策略的电池 SOC 终值如图 5-18 所示，图 5-19 为不同控制策略的 SOC 终值偏差箱型图。

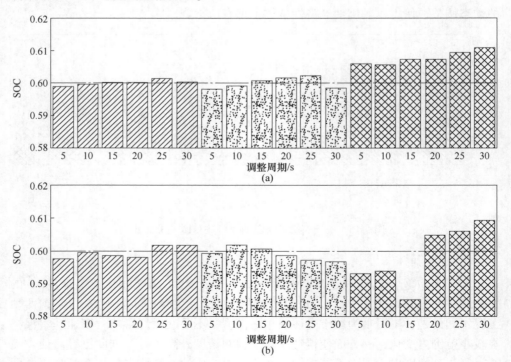

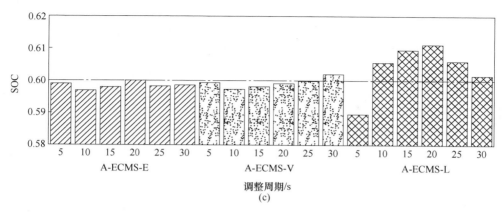

图 5-18　不同控制策略电池 SOC 平衡性对比
（a）工况Ⅰ；（b）工况Ⅱ；（c）工况Ⅲ

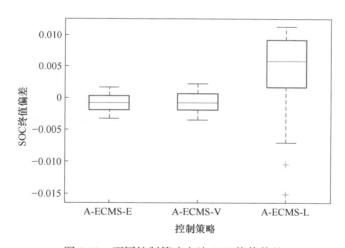

图 5-19　不同控制策略电池 SOC 终值偏差

由图 5-18 可以看出，A-ECMS-E 与 A-ECMS-V 策略维持了更好的电池 SOC 平衡性。综合 3 种行驶工况，这两种控制策略的 SOC 终值偏差都维持在很小的范围内，分别为 -0.0033 ~ 0.0016 和 -0.0035 ~ 0.0022，并且较为集中，如图 5-19 所示。反观 A-ECMS-L 策略使得 SOC 终值偏差较大，为 -0.0151 ~ 0.0113，分散度较高，不确定性较为明显。因而验证了基于短期车速预测的控制策略可以更好地保持电池 SOC 平衡。

总之，与 A-ECMS-L 策略相比，基于未来工况的预测能量管理策略 A-ECMS-E 和 A-ECMS-V 在不同的行驶工况下均能获得更好的燃油经济性和电池 SOC 平衡性，具有良好的工况适应性。行驶工况交通状况的复杂程度，会影响车速的预测精度，进而影响能量管理的控制效果。此外，适当延长调整周期，有利于获得燃油经济性的提升。A-ECMS-V 策略的缺点是需要设置初始等效因子，若所设置的初始等效因子偏离最优等效因子过大，会造成燃油消耗增大，然而不同行驶工况的最优等效因子不同，所以 A-ECMS-V 在实时能量管理中的应用受到一定限制。A-ECMS-E 是利用调整周期（预测时域）内的综合能量状态对等效因子进行动态调整，不用设置初始等效因子，同时可以获得更接近于最优燃油消耗的控制效果，以及维持良好的电池 SOC 平衡性，因而更适用于混合动力汽车的实时控制。

5.9　本章小结

本章系统地研究和分析了用于混合动力汽车实时能量管理控制策略的仿真模型和算法。

（1）结合控制策略设计的特点和车辆动力学基本原理，建立了用于控制策略算法设计的后向仿真模型。

（2）从最优控制角度分析了混合动力汽车能量管理的优化控制问题，结合本书所研究的混合动力汽车，给出了优化控制目标及系统约束条件。

（3）简单介绍了 ECMS 的工程含义以及等效因子的物理内涵，并基于庞特里亚金最小值原理对 ECMS 进行了数学解析推导，并给出了 ECMS 策略的实现步骤。研究分析了不同等效因子对电池 SOC 轨迹，以及对应的发动机功率和电机功率分配的影响。

（4）针对传统 ECMS 最优等效因子受限于工况的不确定性，构建了自适应等效消耗最小化策略 A-ECMS-L，基于电池 SOC 与参考值的偏差对等效因子进行实时在线调整，仿真结果证明 A-ECMS-L 可以实现实时计算，然而受到修正因子 K_{SOC} 取值影响，电池 SOC 易出现无法回归或振荡现象，导致控制效果不稳定。

（5）针对上述问题，研究了基于车速预测的 A-ECMS 策略。在一定调整周期内，分别从预测车速变化趋势和预测能量动态分析的角度提出了相应的等效因子调整算法，并应用于 ECMS 策略进行功率分配。通过仿真对比了 3 种自适应 ECMS 策略，结果表明基于未来工况的预测能量管理策略在不同的行驶工况下均能获得更好的燃油经济性和电池 SOC 平衡性，具有良好的工况适应性。

参 考 文 献

[1] 抄佩佩，胡钦高，万鑫铭，等．我国新能源汽车"十二五"发展总结及"十三五"展望 [J]．中国工程科学，2016，18（4）：61-68.

[2] WANG H M, YANG W D, CHEN Y S, et al. Overview of hybrid electric vehicle trend [C]∥ American Institute of Physics Conference Series. American Institute of Physics Conference Series，2018.

[3] 彭晖．混合动力车辆——现状与发展（英文）[J]．汽车安全与节能学报，2015，6（3）：201-207.

[4] 陈清泉，孙逢春，祝嘉光．现代电动汽车技术 [M]．北京：北京理工大学出版社，2002.

[5] 孙逢春，何洪文．混合动力车辆的归类方法研究 [J]．北京理工大学学报，2002，22（1）：40-44.

[6] 曾小华，王庆年，王伟华．混合动力汽车混合度设计方法研究 [J]．农业机械学报，2006，37（12）：8-12.

[7] ONORI S, SERRAO L, RIZZONI G. Hybrid electric vechicles：energy management strategies [M]．New York, NY, USA：Springer, 2016.

[8] LIU W. Hybrid electric vehicle system modeling and control [M]．2nd ed. Hoboken, NJ, USA：John Wiley & Sons Co. Press, 2017.

[9] CHAN C C, CHAU K T. Modern electric vehicle technology [M]．New York, NY, USA：Oxford University Press, 2001.

[10] 敖国强．ISG 混合动力城市客车动力系统集成与优化控制研究 [D]．上海：上海交通大学，2008.

[11] HOLLOWELL W T. Partnership for a vew generation of vehicles [J]．Transportation Research Circular, 1996（453）：26-29.

[12] SPERLING D. Public-private technology R&D partnerships：lessons from US partnership for a new generation of vehicles [J]．Transport Policy, 2001, 8（4）：247-256.

[13] 孙超．混合动力汽车预测能量管理研究 [D]．北京：北京理工大学，2016.

[14] 孔德云．2018 新能源汽车行业报告 [R]．北京：36Kr 研究院，2018.

[15] 符晓玲，商云龙，崔纳新．电动汽车电池管理系统研究现状及发展趋势 [J]．电力电子技术，2011，45（12）：27-30.

[16] 王喜明．插电式混合动力城市客车动力系统匹配与控制优化研究 [D]．北京：北京理工大学，2015.

[17] 刘宗巍，匡旭，赵福全．中国车联网产业发展现状、瓶颈及应对策略 [J]．科技管理研究，2016（4）：121-127.

[18] 李克强，戴一凡，李升波，等．智能网联汽车（ICV）技术的发展现状及趋势 [J]．汽车安全与节能学报，2017，8（1）：1-14.

[19] 谢浩．基于 BP 神经网络及其优化算法的汽车车速预测 [D]．重庆：重庆大学，2014.

[20] ZHAO G Z, WU C X, QIAO C M. A mathematical model for the prediction of speeding with its

validation ［J］. IEEE Transactions on Intelligent Transportation Systems, 2015, 14 （2）: 828-836.

［21］ SUN C A, WU C Z, CHU D F, et al. Risk prediction for curve speed warning by considering human, vehicle, and road factors ［J］. Transportation Research Record, 2016, 2581 （1）: 18-26.

［22］ ZOU Y J, ZHU X X, ZHANG Y L, et al. A space-time diurnal method for short-term freeway travel time prediction ［J］. Transportation Research Part C: Emerging Technologies, 2014, 43: 33-49.

［23］ KHOSRAVI A, MAZLOUMI E, NAHAVANDI S, et al. A genetic algorithm-based method for improving quality of travel time prediction intervals ［J］. Transportation Research Part C: Emerging Technologies, 2011, 19 （6）: 1364-1376.

［24］ MÜLLER M, REIF M, PANDIT M, et al. Vehicle speed prediction for driver assistance systems ［R］. SAE Technical Paper, 2004.

［25］ JING J B, ÖZATAY E, KURT A, et al. Design of a fuel economy oriented vehicle longitudinal speed controller with optimal gear sequence ［C］∥ 2016 IEEE 55th Conference on Decision and Control （CDC）. IEEE, 2016: 1595-1601.

［26］ SUN C, HU X S, MOURA S J, et al. Velocity predictors for predictive energy management in hybrid electric vehicles ［J］. IEEE Transactions on Control Systems Technology, 2015, 23 （3）: 1197-1204.

［27］ ZHANG F Q, XI J Q, LANGARI R. Real-time energy management strategy based on velocity forecasts using V2V and V2I communications ［J］. IEEE Transactions on Intelligent Transportation Systems, 2016, 18 （2）: 416-430.

［28］ 解少博, 阿比旦, 魏朗. 公路运行车速预测模型对比分析 ［J］. 长安大学学报（自然科学版）, 2013, 33 （5）: 81-85.

［29］ SHEN L O. Freeway travel time estimation and prediction using dynamic neural networks ［D］. Miami: Florida International University, 2008.

［30］ LIU R Q, XU S, PARK J, et al. Real time vehicle speed predition using gas-kinetic traffic modeling ［C］∥2011 IEEE Symposium on Computational Intelligence in Vehicles and Transportation Systems （CIVTS） Proceedings. IEEE, 2011: 80-86.

［31］ HE Z J, CAO J N, LI T. Mice: A real-time traffic estimation based vehicular path planning solution using vanets ［C］∥2012 International Conference on Connected Vehicles and Expo （ICCVE）. IEEE, 2012: 172-178.

［32］ 杨盼盼. 汽车未来行驶车速预测 ［D］. 重庆: 重庆大学, 2015.

［33］ 赵树恩, 屈贤, 张金龙. 基于人车路协同的车辆弯道安全车速预测 ［J］. 汽车工程, 2015, 37 （10）: 1208-1214, 1220.

［34］ LEFÈVRE S, SUN C, BAJCSY R, et al. Comparison of parametric and non-parametric approaches for vehicle speed prediction ［C］∥2014 American Control Conference. IEEE, 2014: 3494-3499.

［35］ 王雷. 新疆山区公路车辆驾驶人行车控速系统的研究——车速预测模型的建立 ［D］. 乌鲁木齐: 新疆农业大学, 2015.

［36］张风奇，胡晓松，许康辉，等. 混合动力汽车模型预测能量管理研究现状与展望［J］. 机械工程学报，2019，55（10）：23.

［37］SHIN J, SUNWOO M. Vehicle speed prediction using a markov chain with speed constraints ［J］. IEEE Transactions on Intelligent Transportation Systems, 2018：1-11.

［38］孟凡博，黄开胜，曾祥瑞，等. 基于马尔可夫链的混合动力汽车模型预测控制［J］. 中国机械工程，2014，25（19）：2692-2697.

［39］XIANG C L, DING F, WANG W D, et al. Energy management of a dual-mode power-split hybrid electric vehicle based on velocity prediction and nonlinear model predictive control［J］. Applied Energy, 2017, 189：640-653.

［40］GUO J H, HUANG W, WILLIAMS B M. Adaptive Kalman filter approach for stochastic short-term traffic flow rate prediction and uncertainty quantification［J］. Transportation Research Part C：Emerging Technologies, 2014, 43：50-64.

［41］HUANG Y P, QIAN L P, FENG A Q, et al. RFID data-driven vehicle speed prediction via adaptive extended Kalman filter［J］. Sensors, 2018, 18（9）：2787.

［42］翁剑成，荣建，任福田，等. 基于非参数回归的快速路行程速度短期预测算法［J］. 公路交通科技，2007（3）：93-97.

［43］史殿习，丁涛杰，丁博，等. 一种基于非参数回归的交通速度预测方法［J］. 计算机科学，2016，43（2）：224-229.

［44］YAO B Z, CHEN C, CAO Q D, et al. Short-term traffic speed prediction for an urban corridor ［J］. Computer-Aided Civil and Infrastructure Engineering, 2017, 32（2）：154-169.

［45］LI Y F, CHEN M N, LU X D, et al. Research on optimized GA-SVM vehicle speed prediction model based on driver-vehicle-road-traffic system［J］. Science China Technological Sciences, 2018, 61（5）：782-790.

［46］PARK J, LI D, MURPHEY Y, et al. Real time vehicle speed prediction using a neural network traffic model［C］∥The 2011 International Joint Conference on Neural Networks. IEEE, 2011：2991-2996.

［47］BAKER D, ASHER Z, BRADLEY T. Investigation of vehicle speed prediction from neural network fit of real world driving data for improved engine on∕off control of the EcoCAR3 hybrid camaro［R］. SAE Technical Paper, 2017.

［48］YAN M, LI M L, HE H W, et al. Deep learning for vehicle speed prediction［J］. Energy Procedia, 2018, 152：618-623.

［49］JING J B, FILEV D, KURT A, et al. Vehicle speed prediction using a cooperative method of fuzzy markov model and auto-regressive model［C］∥2017 IEEE Intelligent Vehicles Symposium （Ⅳ）. IEEE, 2017：881-886.

［50］吴汉. 短时交通流预测及路径选择问题的研究［D］. 杭州：浙江大学，2013.

［51］JIANG B N, FEI Y S. Traffic and vehicle speed prediction with neural network and hidden markov model in vehicular networks［C］∥2015 IEEE Intelligent Vehicles Symposium （Ⅳ）. IEEE, 2015：1082-1087.

［52］张风奇. 车联网环境下并联混合动力客车控制策略优化研究［D］. 北京：北京理工大

学，2016.

[53] ZHANG P, YAN F W, DU C Q. A comprehensive analysis of energy management strategies for hybrid electric vehicles based on bibliometrics [J]. Renewable and Sustainable Energy Reviews, 2015, 48: 88-104.

[54] 赵秀春，郭戈. 混合动力电动汽车能量管理策略研究综述 [J]. 自动化学报，2016，42 (3)：321-334.

[55] WIRASINGHA S G, EMADI A. Classification and review of control strategies for plug-in hybrid electric vehicles [J]. IEEE Transactions on vehicular technology, 2011, 60 (1): 111-122.

[56] ANBARAN S A, IDRIS N R N, JANNATI M, et al. Rule-based supervisory control of split-parallel hybrid electric vehicle [C]//2014 IEEE Conference on Energy Conversion (CENCON). IEEE, 2014: 7-12.

[57] JOHNSON V H, WIPKE K B, RAUSEN D J. HEV control strategy for real-time optimization of fuel economy and emissions [R]. SAE Technical Paper, 2000.

[58] BANVAIT H, ANWAR S, CHEN Y. A rule-based energy anagement strategy for plug-in hybrid electric vehicle (PHEV) [C]//2009 American control conference. IEEE, 2009: 3938-3943.

[59] SCHOUTEN N J, SALMAN M A, KHEIR N A. Fuzzy logic control for parallel hybrid vehicles [J]. IEEE transactions on control systems technology, 2002, 10 (3): 460-468.

[60] LANGARI R, WON J S. Intelligent energy management agent for a parallel hybrid vehicle-part I: system architecture and design of the driving situation identification process [J]. IEEE transactions on vehicular technology, 2005, 54 (3): 925-934.

[61] WON J S, LANGARI R. Intelligent energy management agent for a parallel hybrid vehicle-part II: torque distribution, charge sustenance strategies, and performance results [J]. IEEE transactions on vehicular technology, 2005, 54 (3): 935-953.

[62] ICHIKAWA S, YOKOI Y, DOKI S, et al. Novel energy management system for hybrid electric vehicles utilizing car navigation over a commuting route [C]//IEEE Intelligent Vehicles Symposium, 2004. IEEE, 2004: 161-166.

[63] SALMASI F R. Control strategies for hybrid electric vehicles: Evolution, classification, comparison, and future trends [J]. IEEE Transactions on vehicular technology, 2007, 56 (5): 2393-2404.

[64] TIE S F, TAN C W. A review of energy sources and energy management system in electric vehicles [J]. Renewable and sustainable energy reviews, 2013, 20: 82-102.

[65] LIN C C, PENG H, GRIZZLE J W. A stochastic control strategy for hybrid electric vehicles [C]//Proceedings of the 2004 American control conference. IEEE, 2004, 5: 4710-4715.

[66] MARTINEZ C M, HU X, CAO D, et al. Energy management in plug-in hybrid electric vehicles: Recent progress and a connected vehicles perspective [J]. IEEE Transactions on Vehicular Technology, 2016, 66 (6): 4534-4549.

[67] PISU P, SILANI E, RIZZONI G, et al. A LMI-based supervisory robust control for hybrid vehicles [C]//Proceedings of the 2003 American Control Conference, 2003. IEEE, 2003, 6: 4681-4686.

[68] LIN J, YU W, ZHANG N, et al. A survey on internet of things: Architecture, enabling

technologies, security and privacy, and applications［J］. IEEE Internet of Things Journal, 2017, 4 (5): 1125-1142.

［69］ ZHANG F Q, HU X S, LANGARI R, et al. Energy management strategies of connected HEVs and PHEVs: Recent progress and outlook［J］. Progress in Energy and Combustion Science, 2019, 73: 235-256.

［70］ ZHANG C, VAHIDI A, PISU P, et al. Role of terrain preview in energy management of hybrid electric vehicles［J］. IEEE transactions on Vehicular Technology, 2010, 59 (3): 1139-1147.

［71］ HE H W, GUO J Q, SUN C. Road Grade Prediction for Predictive Energy Management in Hybrid Electric Vehicles［J］. Energy Procedia, 2017, 105: 2438-2444.

［72］ ZENG X R, WANG J M. A parallel hybrid electric vehicle energy management strategy using stochastic model predictive control with road grade preview［J］. IEEE Transactions on Control Systems Technology, 2015, 23 (6): 2416-2423.

［73］ EKHTIARI S. A Trip Planning-Assisted Energy Management System for Connected PHEVs: Evaluation and Enhancement［D］. Waterloo, Ontario, Canada: University of Waterloo, 2017.

［74］ GUO L L, GAO B Z, GAO Y, et al. Optimal energy management for HEVs in eco-driving applications using bi-level MPC［J］. IEEE Transactions on Intelligent Transportation Systems, 2016, 18 (8): 2153-2162.

［75］ BOUVIER H, COLIN G, CHAMAILLARD Y. Determination and comparison of optimal eco-driving cycles for hybrid electric vehicles［C］∥2015 European Control Conference (ECC). IEEE, 2015: 142-147.

［76］ HEPPELER G, SONNTAG M, WOHLHAUPTER U, et al. Predictive planning of optimal velocity and state of charge trajectories for hybrid electric vehicles［J］. Control Engineering Practice, 2017, 61: 229-243.

［77］ BARIK B, BHAT P K, ONCKEN J, et al. Optimal velocity prediction for fuel economy improvement of connected vehicles［J］. IET Intelligent Transport Systems, 2018, 12 (10): 1329-1335.

［78］ TULPULE P, MARANO V, RIZZONI G. Effect of traffic, road and weather information on PHEV energy management［R］. SAE Technical Paper, 2011.

［79］ BAKER D, ASHER Z D, BRADLEY T. V2V Communication Based Real-World Velocity Predictions for Improved HEV Fuel Economy［R］. SAE Technical Paper, 2018.

［80］ BOUWMAN K R, PHAM T H, WILKINS S, et al. Predictive energy management strategy including traffic flow data for hybrid electric vehicles［J］. IFAC-PapersOnLine, 2017, 50 (1): 10046-10051.

［81］ XIE S B, HU X S, XIN Z K, et al. Time-Efficient Stochastic Model Predictive Energy Management for a Plug-In Hybrid Electric Bus With an Adaptive Reference State-of-Charge Advisory［J］. IEEE Transactions on Vehicular Technology, 2018, 67 (7): 5671-5682.

［82］ 何洪文, 孟祥飞. 混合动力电动汽车能量管理技术研究综述［J］. 北京理工大学学报自然版, 2022, 42 (8): 773-783.

［83］ WU J, ZHANG C, CUI N. Fuzzy energy management strategy for a hybrid electric vehicle based on driving cycle recognition [J] . International journal of automotive technology，2012，13（7）：1159-1167.

［84］ GRELLE C, IPPOLITO L, LOIA V, et al. Agent-based architecture for designing hybrid control systems [J] . Information Sciences，2006，176（9）：1103-1130.

［85］ MONTAZERI-GH M, FOTOUHI A, NADERPOUR A. Driving patterns clustering based on driving features analysis [J] . Proceedings of the Institution of Mechanical Engineers, Part C：Journal of Mechanical Engineering Science，2011，225（6）：1301-1317.

［86］ FINESSO R, SPESSA E, VENDITTI M. An unsupervised machine-learning technique for thedefinition of a rule-based control strategy in a complex HEV [J] . SAE International Journal of Alternative Powertrains，2016，5（2）：308-327.

［87］ VENDITTI M. Analysis of the performance of different machine learning techniques for the definition of rule-based control strategies in a parallel HEV [J] . Energy Procedia，2016，101：685-692.

［88］ YUE S Y, WANG Y Z, XIE Q, et al. Model-free learning-based online management of hybrid electrical energy storage systems in electric vehicles [C] //Proceedings of IECON 2014-40th Annual Conference of the IEEE Industrial Electronics Society. IEEE，2014：3142-3148.

［89］ FANG Y D, SONG C Y, XIA B W, et al. An energy management strategy for hybrid electric bus based on reinforcement learning [C] //Proceedings of The 27th Chinese control and decision conference（2015 CCDC）. IEEE，2015：4973-4977.

［90］ QI X W, WU G Y, BORIBOONSOMSIN K, et al. Data-driven reinforcement learning-based real-time energy management system for plug-in hybrid electric vehicles [J] . Transportation Research Record，2016，2572（1）：1-8.

［91］ LIU T, ZOU Y, LIU D X, et al. Reinforcement learning of adaptive energy management with transition probability for a hybrid electric tracked vehicle [J] . IEEE Transactions on Industrial Electronics，2015，62（12）：7837-7846.

［92］ GUZZELLA L, SCIARRETTA A. Vehicle propulsion systems：introduction to modeling and optimization [M] . 3rd ed. Heidelberg：Springer-Verlag Berlin Heidelberg，2013.

［93］ 黄妙华，陈飚，陈胜金 . 电动汽车仿真结构比较 [J] . 武汉理工大学学报，2005，27（3）：66-69.

［94］ 沈文臣 . 单轴并联混合动力系统换挡机理及协同控制策略研究 [D] . 北京：北京理工大学，2016.

［95］ 倪光正，倪培宏，熊素铭 . 现代电动汽车、混合动力电动汽车和燃料电池车：基本原理、理论和设计 [M] . 北京：机械工业出版社，2010.

［96］ 郑旭，郭汾 . 动力电池模型综述 [J] . 电源技术，2019，43（3）：521-524.

［97］ 雷雨龙 . 提高电控机械式自动变速器性能的研究 [D] . 长春：吉林工业大学，1998.

［98］ 杨世文，郑慕侨 . 摩擦力非线性建模与仿真 [J] . 系统仿真学报，2002，14（10）：1365-1368.

［99］ 刘小洋，伍民友 . 车联网：物联网在城市交通网络中的应用 [J] . 计算机应用，2012，32（4）：900-904.

［100］ 李静林，刘志晗，杨放春 . 车联网体系结构及其关键技术 [J] . 2014（6）：6.

［101］张国强，王园园，王涛，等．微观交通仿真基础［M］．北京：人民交通出版社，2017.

［102］卢守峰，刘喜敏．微观交通仿真［M］．长沙：中南大学出版社，2016.

［103］张伟，张锋．数据驱动型时间序列预测方法综述（英文）［J］．陕西科技大学学报：自然科学版，2010，28（3）：22-27.

［104］刘钊，杜威，闫冬梅，等．基于 K 近邻算法和支持向量回归组合的短时交通流预测［J］．公路交通科技，2017，34（5）：122-128.

［105］罗文慧，董宝田，王泽胜．基于 CNN-SVR 混合深度学习模型的短时交通流预测［J］．交通运输系统工程与信息，2017，17（5）：68-74.

［106］CLEVELAND R B, CLEVELAND W S, MCRAE J E, et al. STL：a seasonal-trend decomposition［J］. Journal of Official Statistics，1990，6（1）：3-73.

［107］SCHMIDHUBER J. Deep learning in neural networks：An overview［J］. Neural Networks，2015，61：85-117.

［108］XU J, RAHMATIZADEH R, BÖLÖNI L, et al. Real-time prediction of taxi demand using recurrent neural networks［J］. IEEE Transactions on Intelligent Transportation Systems，2017，19（8）：2572-2581.

［109］LIPTON Z C, KALE D C, ELKAN C, et al. Learning to diagnose with LSTM recurrent neural networks［J］. arXiv preprint arXiv：1511.03677，2015.

［110］CHE Z P, PURUSHOTHAM S, CHO K, et al. Recurrent neural networks for multivariate time series with missing values［J］. Scientific Reports，2018，8（1）：6085.

［111］周飞燕，金林鹏，董军．卷积神经网络研究综述［J］．计算机学报，2017，40（6）：1229-1251.

［112］DU S D, LI T R, YANG Y, et al. Deep Air Quality Forecasting Using Hybrid Deep Learning Framework［J］. arXiv preprint arXiv：1812.04783，2018.

［113］GOODFELLOW I, BENGIO Y, COURVILLE A. Deep learning［M］. Cambridge：MIT Press，2016.

［114］LI J P, TANG L, SUN X L, et al. Country risk forecasting for major oil exporting countries：a decomposition hybrid approach［J］. Computers & Industrial Engineering，2012，63（3）：641-651.

［115］TANG L, YU L, WANG S, et al. A novel hybrid ensemble learning paradigm for nuclear energy consumption forecasting［J］. Applied Energy，2012，93：432-443.

［116］YE B L, WU W M, MAO W J. A two-way arterial signal coordination method with queueing process considered［J］. IEEE Transactions on Intelligent Transportation Systems，2015，16（6）：3440-3452.

［117］TIAPRASERT K, ZHANG Y, WANG X B, et al. Queue length estimation using connected vehicle technology for adaptive signal control［J］. IEEE Transactions on Intelligent Transportation Systems，2015，16（4）：2129-2140.

［118］LV H X, SONG C X, ZHANG N F, et al. Energy Management Strategy of Mild Hybrid Electric Vehicle Considering Motor Power Compensation［J］. Machines，2022，10（11）：986.

［119］ TAO F Z, ZHU L L, JI B F, et al. Energy management strategy using equivalent consumption minimization strategy for hybrid electric vehicles ［J］. Security and Communication Networks, 2020（1）: 6642304.

［120］ GUO J H, GUO Z Q, CHU L, et al. A Dual-Adaptive Equivalent Consumption Minimization Strategy for 4WD Plug-In Hybrid Electric Vehicles ［J］. Sensors, 2022, 22（16）: 6256.

［121］ LIU H, LI X M, WANG W D, et al. Adaptive equivalent consumption minimisation strategy and dynamic control allocation-based optimal power management strategy for four-wheel drive hybrid electric vehicles ［J］. Proceedings of the Institution of Mechanical Engineers, Part D: Journal of Automobile Engineering, 2023, 35（1）: 4022362.

［122］ LIU K J, GUO J H, CHU L, et al. Research on adaptive optimal control strategy of parallel plug-in hybrid electric vehicle based on route information ［J］. International Journal of Automotive Technology, 2021, 22: 1097-1108.

［123］ LEE H Y, CHA S W. Reinforcement learning based on equivalent consumption minimization strategy for optimal control of hybrid electric vehicles ［J］. IEEE Access, 2020, 9: 860-871.

［124］ PU S L, CHU L, HU J C, et al. An Equivalent Consumption Minimization Strategy for a Parallel Plug-In Hybrid Electric Vehicle Based on an Environmental Perceiver ［J］. Sensors, 2022, 22（24）: 9621.

［125］ 施德华, 容香伟, 汪少华, 等. 基于功率比的混合动力汽车模糊自适应等效燃油消耗最小策略研究 ［J］. 西安交通大学学报, 2022（1）: 56.

［126］ SONG D F, BI D K, ZENG X H, et al. Energy management strategy of plug-in hybrid electric vehicles considering thermal characteristics ［J］. International Journal of Automotive Technology, 2023, 24（3）: 655-668.

［127］ ZHOU B, BURL J B, REZAEI A. Equivalent consumption minimization strategy with consideration of battery aging for parallel hybrid electric vehicles ［J］. IEEE Access, 2020, 8: 204770-204781.

［128］ KWON L, CHO D S, AHN C. Degradation-conscious equivalent consumption minimization strategy for a fuel cell hybrid system ［J］. Energies, 2021, 14（13）: 3810.

［129］ GONG C C, HU M H, LI S X, et al. Equivalent consumption minimization strategy of hybrid electric vehicle considering the impact of driving style ［J］. Proceedings of the Institution of Mechanical Engineers, Part D: Journal of Automobile Engineering, 2019, 233（10）: 2610-2623.

［130］ GENG W R, LOU D, WANG C, et al. A cascaded energy management optimization method of multimode power-split hybrid electric vehicles ［J］. Energy, 2020, 199: 117224.

［131］ GIRADE P, SHAH H, KAUSHIK K, et al. Comparative analysis of state of charge based adaptive supervisory control strategies of plug-in Hybrid Electric Vehicles ［J］. Energy, 2021, 230: 120856.

［132］ PAGANELLI G, DELPRAT S, GUERRA T M, et al. Equivalent consumption minimization strategy for parallel hybrid powertrains ［C］//55th IEEE Conference on Vehicular Technology,

2002，4：2076-2081.

［133］ MUSARDO C，RIZZONI G，GUEZENNEC Y，et al. A-ECMS：An adaptive algorithm for hybrid electric vehicle energy management ［J］．European Journal of Control，2005，11 （4/5）：509-524.